小洗剂，大生活

（日）大矢胜　著
晴　天　译

辽宁科学技术出版社
·沈阳·

前　言

我们的日常生活有各种各样"洗"的行为。"食生活"中，饭前我们要清洗蔬菜和水果，饭后要清洗餐具和烹饪器具；"衣生活"中，要用洗衣机洗衣服，还要去洗衣店接受衣物的除渍处理；"住生活"中，浴缸的清洗、厕所和房间的打扫也非常麻烦。厨房里比较重要的是对换气扇和炉子的去污，另外，家用车也要保持清洁漂亮，每天我们都要洗澡，回家后洗手漱口，在浴室中洗澡、洗头、刷牙……"洗"这一行为无论是在时间上还是在体力上，都在我们的生活中占据着很大比重。

快乐生活的捷径就是享受生活。对于那些对"洗"没有兴趣的人而言，打扫、洗涤、清洗浴缸、洗餐具等都是非常痛苦的事。相反，对于那些对洗涤怀有兴趣的人而言，通过清除污垢，他们可以体会到发现新事物和达到目标的快感，并让这种快感成为丰富生活的一部分。

那么，是否能享受"洗"的乐趣，关键在哪里呢？对洗涤关心，享受"洗"这一行为的人，他们共同的态度就是"科学的思考"。说起"科学的"，可能显得有些夸大其辞，不过，时常抱着"怎么样"、"为什么"的疑问，关注是否有改良之处、找出相关信息并亲身体验、解决问题的过程，会让人感到自身价值实现的快乐。这种快乐与学者享受研究的感觉在本质上没有什么区别。

使用食材去污的人正在增加，我们把这种洗涤方法称作天然洗涤。本书向想了解洗涤知识和提高洗涤技巧的人集中介绍了洗涤剂以及去污方法。具体来说，针对以往有关扫除、洗涤的指南书籍中一些较难理解的"怎么样"、"为什么"的疑问，本书以更加简单易懂的形式向读者做了说明。在之前的和清洗相关的书籍中，绝大部分是介绍去污方法、说明洗涤剂功能的学术性科学类书籍，本书的内容则介于指南书籍和科学类书籍之间。可以说，这是一本结合现实生活中的去污场景，针对洗涤剂的功效和去污的原理进行简洁说明的书籍。

需要注意的是，如果以"准确性"和"易懂性"的尺度来衡量本书，本书还是偏重于"易懂性"。原则上是不使用化学公式，尽量使用准确简洁的文字。如果想获得更加准确的信息，您可以借助书后参考文献中的科学类书籍。同时，我也期望能以本书为契机，让享受生活中科学乐趣的人不断增加。

最后，我要感谢为本书提出宝贵意见的责任编辑右文德，他让本书在"易懂"这一点上得到了完善。此外，还要感谢支持我执笔写作的妻子和孩子。

大矢胜

2008年1月

目录

第一章

洗涤剂和肥皂的去污原理

洗涤用洗涤剂、厨房用洗涤剂、洗发剂的成分有什么不同？

　　洗涤剂的种类很多，有洗涤用洗涤剂、厨房用洗涤剂、洗发剂等。去超市的洗涤剂专柜观察一下，您就会发现其种类数不胜数。这么多的洗涤剂，它们之间有什么不同呢？

　　这些洗涤剂中都加入了一种被称作"界面活性剂"的主要去污成分，再加入各种药剂后就做成了各种洗涤剂用品。从根本上说，这些洗涤剂都很相似，但界面活性剂本身就分很多种，向各种产品中加入的药剂也各不相同。

　　开发洗涤产品时遵循的原则是，在尽量不对皮肤、头发和纤维制品造成损伤的前提下，利用洗涤剂高效去污。通常去污能力强的洗涤剂容易对皮肤、头发和纤维制品等造成伤害，对皮肤和头发较温和的洗涤剂去污能力相对较弱。

　　直接作用于皮肤上的洗涤剂要选择刺激性小的界面活性剂。特别是我们的头发比较敏感，所以，在洗头时要尽量用刺激性小的洗涤剂，以免给它造成伤害。

　　洗涤用洗涤剂因为要去除附着在衣服上的顽固泥垢、皮脂污垢，就会比较重视去污能力。棉类和聚酯纤维是洗涤时不易受损的纤维质地，可以使用加入了强力去污成分的洗涤剂。贴身衣服上附着有皮肤污垢，就要将污垢溶解后再轻柔地去除。不过，如果用此类洗涤剂来清洁肌肤容易对皮肤造成伤害，我们应避免使用去污力强的洗涤用洗涤剂来清洁皮肤和头发。

洗涤剂有很多种，不论哪种洗涤剂，其主要成分都是界面活性剂。

洗涤用洗涤剂、厨房用洗涤剂、洗发剂的成分有什么不同？

羊毛制品和丝织品的专用洗涤剂，其性质较温和。羊毛、蚕丝、皮肤和头发的主要成分都是蛋白质。对于羊毛和蚕丝较为柔和的洗涤剂同样也不易伤害蛋白质，刺激性也相对较小。

　　对于清洗餐具用的洗涤剂，我们在追求去污能力的同时，也会强调给肌肤带来的柔和感。厨房用洗涤剂的去污能力介于强力衣物用洗涤剂和身体清洁剂之间。在洗涤剂中，有强调"去污"能力的用品，也有强调"温和"性质的用品，由此人们也对厨房用洗涤用品做出了不同划分。

　　人们会追求洗发剂、沐浴露和厨房用洗涤剂的泡沫效果，实际上，洗涤用洗涤剂产生过多泡沫会造成洗涤障碍。在洗衣机工作时，洗涤剂泡沫能削弱它清洁能力。清洗过后的衣物上残留泡沫也不好。所以，我们会发现洗衣用洗涤剂一般会在抑制泡沫上下工夫。

　　加入洗涤剂中的香料也多种多样。适宜的芳香成分在洗涤时可以给我们带来不同的舒适感。洗发剂的价格较高，因为使用的香料纯度也较高，而洗衣用洗涤剂则要从省资源、省能源的立场出发。

界面活性剂是什么物质？

作为洗涤剂主要成分的界面活性剂具有非常不可思议的特性。简而言之，界面活性剂具有水和油两方面的特性。让我们来看一看界面活性剂是怎样发挥作用的吧。

虽说水和油是互不相溶的，但界面活性剂却能将两者调和在一起。因此，界面活性剂既具有水的性质，又具有油的性质，发挥着将油和水溶合在一起的调和作用。界面活性剂一般都被描述成15页图所示的火柴棒结构。棒状部分具有油的性质，被称作"亲油基"，圆头部分具有水的性质，被称作"亲水基"。在水中时，界面活性剂会被水分子包围。此时的亲水基四周都是水分子，所以非常稳定。但对亲油基来说情况就不同了，四周都被水分子包围，因为亲油基具有油的性质会和水发生排斥，这样的环境对亲油基而言很不稳定，为了给亲油基寻求一个稳定的场所，界面活性剂会做相应的移动。比如说，移动到水的表面（水与空气接触的面），这样亲油基会从水中探出，与空气接触从而寻求自己的稳定。此外，如果水中有油块的话，亲油基为了寻求稳定，也会钻入油块中，不过虽然亲油基进入了油块，但由于亲水基处于被水分子包围的安定状态，所以亲水基部分是不会进入到油块中去的。此时，也就是说亲水基会留在水中，而亲油基则钻入油块中。

如上所述，界面活性剂具有在水和空气、水和油、以及水和其他固体物质界面之间移动的性质。溶于水中的界面活性剂增加，增加的界面活性剂就会移动到界面，最终形成覆盖整个界面的状态，恰似界面活性

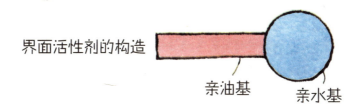

界面活性剂的构造

亲油基　　亲水基

在水中

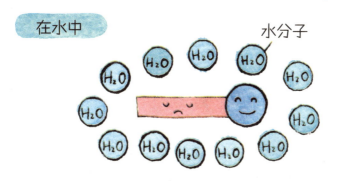

水分子

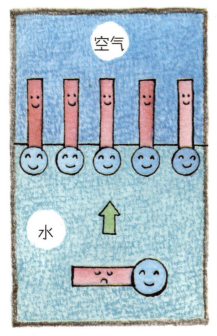

空气

水

水

油

15

剂排列在一起形成了一层膜。

那么，界面活性剂移动到水的表面后会是怎样一种状态呢？水面临空气的一面覆盖着亲油基。亲油基具有和油一样的结构，所以从外部观察，就如同水的表面被一层油膜覆盖起来。换句话说，水的表面具有了油的性质。

那么，被界面活性剂所覆盖的界面是怎样发生变化的呢？我们以水和空气的界面来举例。水和空气不会直接自动地混合在一起。向透明的瓶子中倒水至一半（剩下的一半是空气），然后盖上盖子上下剧烈地摇晃瓶子，试着将水和空气混在一起，停止摇晃，水和空气会立即分离开，因为它们两者很难融合在一起。

如果在水中加入一些含有界面活性剂的厨房用洗涤剂，结果会怎样呢？用力摇动过后，瓶子里会充满泡沫。泡沫是水和空气混合在一起形成的状态，有了界面活性剂，水和空气就会相融，从而保持一种安定的状态。这时，泡沫中气泡的表面被界面活性剂覆盖，界面活性剂排列在一起形成的膜让泡沫稳定了下来。

像这种改变（活性化）水与其他物质之间所形成的界面性质的物质就是界面活性剂。

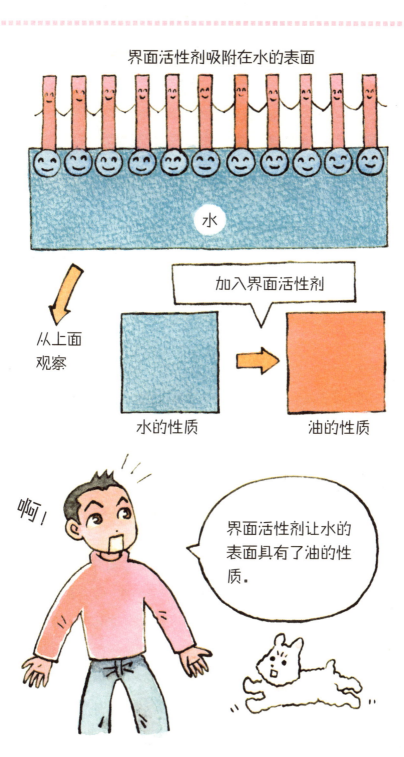

界面活性剂吸附在水的表面

水

从上面观察

加入界面活性剂

水的性质

油的性质

啊！

界面活性剂让水的表面具有了油的性质。

17

洗涤剂是怎样去污的?

　　洗涤剂是因其自身具有去污能力才被使用的,让我们从关注洗涤剂的主要成分——界面活性剂的功效入手,来了解一下它的去污原理吧!

　　空气、油、纤维等不溶于水的物质和水之间能形成一层界面,溶于水的界面活性剂具有向这些界面移动、紧紧地排列在界面上的特性。我们把界面活性剂的这种功效称作"吸附"。举例来说,把含有界面活性剂的洗涤液倒在一个有油污的盘子上,会产生怎样的效果呢? 洗涤液中的界面活性剂会吸附在盘子和油垢的表面。盘子与油垢之间微小的空隙内也进入了界面活性剂,这样,盘子和污垢的表面就被界面活性剂吸附覆盖了。

　　有趣的事情发生了,被界面活性剂所吸附的两个表面之间产生了排斥力。也就是说,被界面活性剂所吸附的两个面之间很难再次接合在一起了,进入盘子和油垢空隙间的界面活性剂吸附在盘子和油的表面后,产生了将油从盘子上脱离出去的力量。并且,被剥落的油垢一旦想再次接近盘子,界面活性剂就会阻止它,而且,只要有界面活性剂存在,物体和污垢、污垢和污垢之间就都不会再次结合在一起。因为界面活性剂具有剥落污垢、预防剥落的污垢再次与餐具接合的作用,所以,洗涤剂就具有了去污的能力。

　　我们用照片来确认一下界面活性剂的作用吧。我们在瓶子中倒入水和染色的油。充分混合摇晃过后,我们会发现水和油有瞬间的溶合,停下来放置一会儿后,它们会很快分离。这次,我们加入少量的厨房用洗

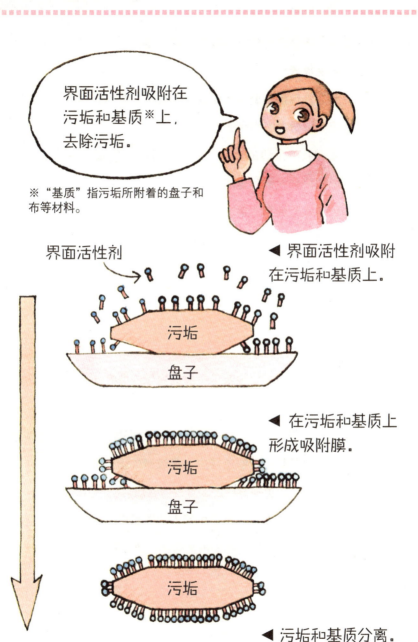

界面活性剂吸附在污垢和基质※上，去除污垢。

※"基质"指污垢所附着的盘子和布等材料。

界面活性剂

◀ 界面活性剂吸附在污垢和基质上。

污垢

盘子

◀ 在污垢和基质上形成吸附膜。

污垢

盘子

污垢

◀ 污垢和基质分离。

盘子

19

涤剂观察一下会产生怎样的效果。充分搅拌之后发现，水和油溶合在了一起，即使放置一段时间它们也不会发生分离。这是因为吸附在油滴表面的界面活性剂使油滴在水中保持了稳定。我们把界面活性剂这种使水中的油滴保持稳定的作用称为"乳化作用"。

乳化在我们身边的商品中是很常见的。例如，牛奶就与乳化有关系。牛奶的成分大部分是水，另外还含有被称作"乳脂肪"的成分，脂肪成分原本是不会和水溶合在一起的，但是为什么牛奶中的脂肪成分没有与水分离，反而能始终保持着均一的状态呢？实际上，牛奶中含有一种天然的界面活性剂，它可以乳化脂肪成分，使其在水中保持稳定。在牛奶中起着界面活性剂作用的是一种称作"酪蛋白"的蛋白质。大多数的蛋白质分子中都同时含有水性的亲水基和油性的亲油基，可以作为界面活性剂发挥作用。

界面活性剂还能让像灰尘一样的粒子成分在水中保持稳定。这被称作是"固体的分散作用"。比如说墨汁，它的粒子成分能在水中保持稳定就是因为使用了界面活性剂。墨汁中是用动物胶的蛋白质作为界面活性剂的。动物胶是在动物皮层中含量较高的蛋白质，它同时具有亲水基和亲油基，所以，也拥有界面活性剂的性质。

洗涤剂中的界面活性剂与牛奶中的酪蛋白和墨汁中的动物胶相比功效更为卓著，它能够有效地去污，而且性质比较稳定。

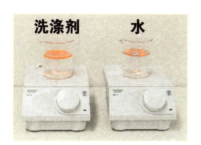

把红色的油倒入洗涤液和水中。

充分搅拌之后……

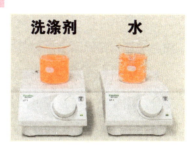

洗涤剂变成红色混浊物。

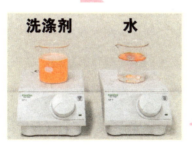

洗涤液变成红色混浊物,水和油发生了分离。

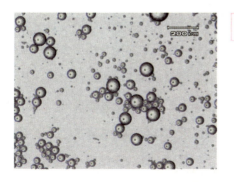

洗涤液中的油颗粒

21

漂白剂和洗涤剂有哪些不同?

　　我们把一般的洗涤剂之外的洗涤剂称作漂白剂。当然，也有加入了漂白剂的洗涤剂。那么，漂白剂和洗涤剂有什么不同呢?

　　洗涤剂的作用是把污垢剥落去除，而漂白剂的作用是把污垢分解去除。洗涤剂是界面活性剂吸附在污垢上，然后再把污垢剥落去除，而漂白剂是通过让污垢发生化学反应对其进行分解，把色素进行化学分解然后使污垢变白。所谓的漂白就是分解污垢的色素让它不再明显，同时，分解污垢成分把它去除。

　　一般的漂白剂的化学作用被称作"氧化作用"。这是一种让氧在污垢上发生反应进而切断、分解分子的作用。氧是一种非常不安定的物质。物体燃烧后生成二氧化碳和水就是一种典型的氧化作用。利用化学物质促进氧化作用发生的物质称作氧化剂。进入人体的氧化剂会攻击活体组织，产生疼痛感，成为癌症的诱因。氧化作用虽然对人体没有多大好处，但是它却能作用于污垢，分解并去除污垢，漂白剂就是把有效促进氧化作用的氧化剂应用于生活中的家庭用品。

　　漂白剂在除去杂菌方面发挥着很大的作用。漂白剂的化学分解作用对于分解蛋白质等构成生物体的成分非常有效，适合用来去除细菌类和霉类物质。借助界面活性剂作用的洗涤剂只能去除细菌类物质，并不能杀菌。没有被剥落的细菌残留在物体上，而被剥落的细菌的一部分也会再次附着在物体上，所以，重视卫生清洁仅仅使用洗涤剂还是不够的。通常，洗涤剂祛霉的功效非常低，但漂白剂能分解细菌和霉的细胞，能

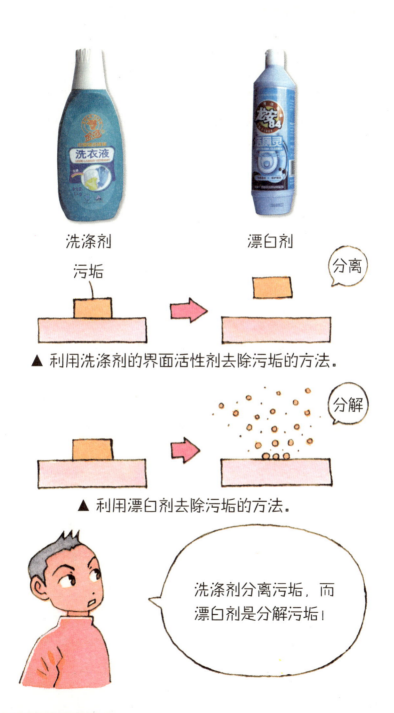

洗涤剂

漂白剂

污垢

分离

▲ 利用洗涤剂的界面活性剂去除污垢的方法。

分解

▲ 利用漂白剂去除污垢的方法。

洗涤剂分离污垢，而漂白剂是分解污垢！

23

有效地去除细菌和霉。

　　根据洗涤对象的不同，洗涤剂和漂白剂给衣物纤维和色素带来的损伤也有所不同。比如说，在去除附着在纤维上的污垢时使用洗涤剂，基本上不会给纤维带来任何伤害。但如果使用漂白剂，则肯定会伤害到纤维。漂白剂具有较强的污垢分解作用，而这种作用多少也会影响到纤维本身。从效果由弱到强，漂白剂也被分成了很多种，但无论哪一种漂白剂，它强力分解污垢的作用都会对纤维和色素等洗涤对象造成伤害。

　　漂白剂能有效去除的污垢仅限于有机物。所谓有机物是指在构成动植物生物体的成分中，具有和蛋白质、糖分、油脂类相同的化学构成的成分。除去细菌类和菌类之外，食物残渣和从人体分泌出来的皮脂污垢都属于有机物。对于那些泥垢和灰尘等不是有机物的污垢来说，一般的漂白剂根本起不了多大作用。这是因为泥垢和灰尘等污垢很难引起化学性的分解，所以，这些污垢要使用以界面活性剂为主要成分的洗涤剂来去除。

　　加入漂白剂的洗涤剂，具有剥落污垢和分解有机物的双重作用。具有除菌作用的洗涤剂大多都含有漂白剂。

25

去污的碱是什么？

　　碱是去除污垢的重要成分。在洗涤剂中注重去污能力的成分里除去界面活性剂，还有碱，强力的漂白剂中也含有碱。在去除换气扇和污垢的洗涤剂中有一种被称作"家用强力洗涤剂"的洗涤用品，它的主要成分就是碱。那么，碱是一种什么样的物质，它具有怎样的功效呢？

　　酸和碱表示出了水中氢离子和氢氧离子两种离子的平衡。氢离子用H来表示，氢氧离子用OH来表示。水中的氢离子和氢氧离子保持着一定的平衡。氢离子增加氢氧离子就会减少；氢氧离子增加氢离子就会减少。氢离子占的比例大水就呈酸性；氢氧离子占的比例大，水就呈碱性。两者的量相等的时候，水会呈中性。

　　碱性的水指的就是含氢氧离子多的水。碱对洗净有效就是意味着水中的氢氧离子多时，其洗净能力也高。碱的去污原理：一是强化污垢之间排斥力的作用；二是碱对有机物的溶解、分解作用。

　　碱这种强化污垢之间排斥力的作用也被利用在洗衣用洗涤剂中。洗衣用洗涤剂分为中性洗涤剂和弱碱性洗涤剂，其中重视去污能力的洗涤剂是弱碱性洗涤剂。弱碱性的洗涤剂，其洗涤液中所含的氢氧离子稍微多一些，水中的氢氧离子多就会在污垢和纤维的表面产生负电，因为负电之间彼此排斥，所以在污垢之间、污垢和纤维之间也产生了排斥力。这种排斥力可以让污垢脱落，同时还能防止污垢再次附着在纤维上。这对去除泥垢和皮脂污垢很有效，特别是，当碱和界面活性剂一起发挥作用的时候，去污效果会更加显著。

水分子　　　　氢氧离子　　氢离子

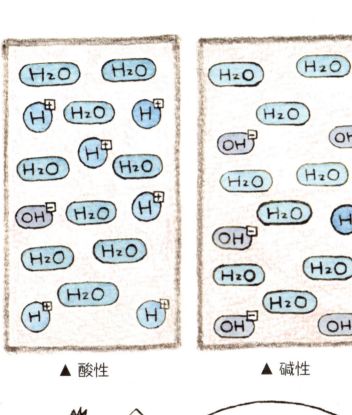

▲ 酸性　　　　　　　▲ 碱性

氢离子多，水就呈酸性；氢氧离子多，水就呈碱性。

碱性越强，水中的氢氧离子越多，碱溶解、分解有机物的作用就越强。强力碱可以从化学的角度分解蛋白质，并且还有与油脂和脂肪成分发生反应变成肥皂的作用。利用强碱这种分解作用的强力洗涤剂大多都被用来去除厨房中顽固污渍。只是，它的作用虽强，但刺激性却很大，所以尽量不要让强碱类的洗涤剂接触皮肤，还要注意绝对不能让洗涤液进入眼中。

　　用来表示酸碱度的符号是pH。pH值为7的时候呈中性，pH值大于7为碱性，小于7则为酸性。pH值在8～11之间的洗涤剂为弱碱性洗涤剂，这种洗涤剂会强化污垢间的排斥力以达到去污的功效。pH值大于11的为碱性洗涤剂。家居用强力洗涤剂是pH值在13～14间的强碱，可以分解蛋白质和油脂。强碱洗涤剂中还会使用到氢氧化钠和氢氧化钾，使用含有这些成分的洗涤剂时一定要多加注意。

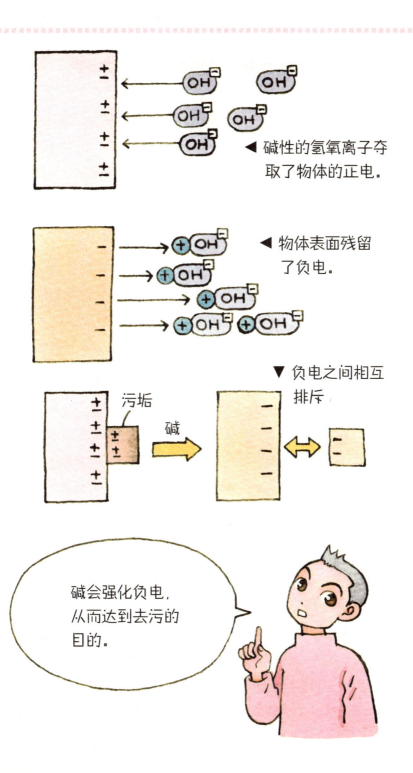

◀ 碱性的氢氧离子夺
　取了物体的正电。

◀ 物体表面残留
　了负电。

▼ 负电之间相互
　排斥

污垢

碱

碱会强化负电，
从而达到去污的
目的。

29

肥皂与合成洗涤剂有什么不同？

洗涤剂中还有肥皂和合成洗涤剂，两者都是去污时的好帮手。那么，肥皂和合成洗涤剂之间有哪些不同呢？

肥皂是让油脂和碱发生反应后制作而成的洗涤剂。通过氢氧化钠和氢氧化钾等碱剂来使色拉油和猪油发生反应制成的洗涤剂就是肥皂。合成洗涤剂指的是肥皂之外的洗涤剂。

油脂和碱发生反应制作肥皂的手法实际上是一种完美的合成，"皂化"也是化学反应中的一种。虽然说，把肥皂之外的洗涤剂称作是"合成洗涤剂"，实际上，肥皂本身也是一种合成物。

肥皂和合成洗涤剂都是合成物，未经合成而制成的既不是肥皂也不是洗涤剂。比如说，利用生物技术制成的洗涤剂被称作"天然洗涤剂"。以前，皂荚果实中含有的皂角苷就被用来去污，它就是一种名副其实的天然洗涤剂，因其缺乏洗净力，现在不再被用作洗涤剂的原料了。

近来，由微生物技术制作而成的高机能的界面活性剂受到越来越多的关注。那是一种被称作"生物表面活性剂"的物质。目前这种东西只能少量生产，所以价格较高。

那么，合成洗涤剂的成分是什么呢？合成洗涤剂的界面活性剂并不是肥皂，使用了肥皂之外的界面活性剂的才是合成洗涤剂。不过，仅凭此我们还是不能掌握合成洗涤剂的准确概念。实际上，从可以作为食品添加剂使用的、比肥皂安全系数高的界面活性剂到给环境和人体带来极大伤害的界面活性剂，肥皂之外的界面活性剂还有很多很多。所以，我

肥皂之外的洗涤剂

洗发香波、香皂

厨房用合成洗涤剂

洗涤用肥皂、合成洗涤剂

家居用合成洗涤剂

们不能笼统地判断合成洗涤剂究竟是安全的还是危险的。

如果仅仅限定于洗衣用合成洗涤剂，那么，它所使用的界面活性剂是有所限制的，差不多接近于洗衣用的肥皂。与肥皂比起来，用少量合成洗涤剂就可去除污垢，但它对鱼等动物依然有着很强的毒性。厨房用洗涤剂和洗涤用洗涤剂在成分上有着很大的不同。虽然厨房用洗涤剂的去污功效相对较差，但它所含有的成分却不会让肌肤变粗糙。

肥皂之外的界面活性剂也用于清洗头发或皮肤，这类洗涤剂与厨房用合成洗涤剂相比更加温和，与肥皂相比对皮肤的刺激更小。它与洗涤用合成洗涤剂的特点是完全不同的。

正如上文所述，肥皂外的界面活性剂多种多样，所以不能把肥皂和合成洗涤剂单纯地放在一起进行比较。我们很难肯定地说"因为是合成洗涤剂，所以可以用来……"。

以天然的界面活性剂为主要成分的洗涤剂。

天然洗涤剂

加入了合成界面活性剂的洗涤剂。

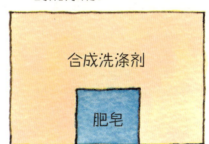

合成洗涤剂

肥皂

天然洗涤剂之外的洗涤剂中，除去肥皂，都称作"合成洗涤剂"。

▼ 合成界面活性剂的种类和用途都很广。

用于食品

洗涤用

造成肌肤粗糙的后果

我开吃啦—

安全 ←——————→ 危险

肥皂是怎样制成的?

肥皂作为洗涤剂有着悠久的历史，长久以来一直被人们使用，据说它起源于公元前3000年的巴比伦时代。那么，肥皂是怎样制造的呢?

肥皂是把植物性油脂和动物性脂肪与氢氧化钠和氢氧化钾等强碱放在一起煮沸发生反应制造而成的。古时候，人们用山羊的脂肪和木炭来制造肥皂。木炭中含有大量的钾，把它们溶解在水中后就成了具有强碱性的氢氧化钾。以前的肥皂就是利用这种碱制造的。

现代科学技术非常发达，工业上制造肥皂的方法也和从前有着很大的不同。但是，个人和小工厂中制作肥皂的方法还与从前很相似。现在，制作肥皂的基本方法是不再使用木炭，转而使用氢氧化钠和氢氧化钾等碱性制剂，把油脂和脂肪放在溶解了碱的水中煮。油的种类决定了碱的反应程度，因此，首先要计算出与油发生反应的碱的用量。

接下来，就是给混合在锅中的碱溶液和油脂进行加热，一边加热沸腾一边促进它们的反应。如果把全部的碱一次性放进锅中，反应将很难进行，所以最好分多次放入。反应进行时，作为原料的油脂慢慢地变成肥皂。

这种制作过程继续进行下去，肥皂产生的同时还会混杂产生一种叫甘油的物质。甘油是一种容易同水混在一起的黏性液体，它可以削弱肥皂的性质。制作过程中会残留下未发生反应的碱，所以还需要进行一种称作"盐析"的操作。

首先，在上述肥皂和甘油的混合物中加水，加热溶解。之后向里面

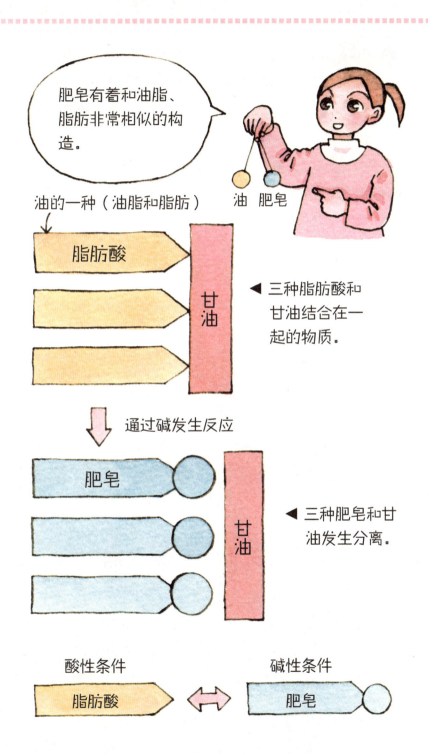

肥皂有着和油脂、脂肪非常相似的构造。

油 肥皂

油的一种（油脂和脂肪）

脂肪酸

甘油

◀ 三种脂肪酸和甘油结合在一起的物质。

通过碱发生反应

肥皂

甘油

◀ 三种肥皂和甘油发生分离。

酸性条件
脂肪酸

碱性条件
肥皂

35

放入大量食盐。食盐很容易溶于水，它可以从水中将肥皂成分排除出去，从水中被排除出来的肥皂成分变成固体浮出，甘油和碱的成分因易溶于水，就和水溶在了一起。这时，把和肥皂发生分离的水去掉，甘油、残留的碱、食盐就能从肥皂中被分离出来。

如果只进行一次盐析，会残留下未发生反应的油脂，也就制造不出高品质的肥皂。多次重复进行盐析的操作才可以制造出纯度高的肥皂。

不过，上述的加热油脂和碱制造肥皂的方法需要大量的能源和时间，不适合大批量生产。大量生产就要采用其他的方法，就是利用酶将油脂原料变成一种叫做脂肪酸的，接近于肥皂的物质。在室温下，只需让脂肪酸和弱碱接触，它就会变成肥皂。这种情况下的反应是酸和与之相适合的碱发生的反应。

加热油脂和碱并发生反应的方法叫做"皂化法"，让脂肪酸和弱碱接触发生反应的方法叫做"中和法"。"皂化法"制造出来的肥皂多少会残留一些甘油。

制作肥皂的流程

氢氧化钠
水
制成碱溶液

碱溶液
色拉油 + 猪油
向油中加入碱溶液后加热

食盐水
加入食盐水

变成固体……

肥皂
水分
肥皂浮出来

肥皂　做成了
倒掉下面的水

水的性质会给洗涤剂带来影响吗?

　　使用洗涤剂去污的时候，大多数情况下我们会先把洗涤剂用水稀释。特别是洗衣服的时候，洗涤剂要用大量的水稀释后才能使用。那么，水的性质真的不会给洗涤剂带来影响吗? 实际上，不同的水与洗涤剂的相溶性也不相同。如果从去污和洗涤剂的关系来看，水的性质指的又是什么呢?

　　影响洗涤剂去污能力性质是指水的硬度。它指的是水中钙离子和镁离子的含量。含钙离子和镁离子多的水称作硬水，少的则称作软水。离子代表的就是一种与本来的状态相比，所含电子是多还是少的状态。与本来的状态相比，所含电子多的状态称为阴离子，所含电子少的状态称作阳离子。钙和镁溶于水后与本来的状态相比少了2个电子，于是就变成了+2价的阳离子。

　　用洗涤剂去污的时候，这些+2价的阳离子会制造阻碍。原因就是，他们在阻碍洗涤剂的主要成分——界面活性剂发挥作用的同时，还会把污垢和污垢、污垢和其他物质结合在一起。

　　作为洗涤剂主要成分的大多数的界面活性剂溶于水后会获得一个电子变为−1价的阴离子，这样的界面活性剂被称为阴离子界面活性剂。如果水中含有阳离子，那么这些阴离子就会被中和，使活性降低。也就是说水中含有的阳离子，即钙离子或镁离子越多，被中和的界面活性剂就越多，也就会大大地影响洗涤剂的效果。

　　受影响最大的界面活性剂存在于肥皂中。一般人都会认为肥皂泡溶

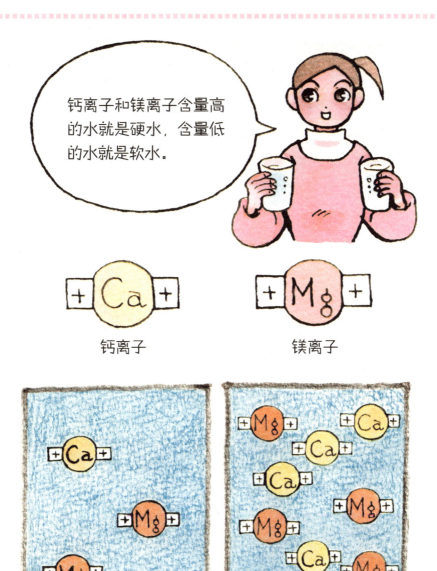

钙离子和镁离子含量高的水就是硬水，含量低的水就是软水。

钙离子

镁离子

▲ 软水

▲ 硬水

于水后应该呈现白色，然而并非如此。你可以尝试将肥皂液溶于蒸馏水中，这时就会发现，其实溶液为透明状。这就是因为当肥皂液中的活性剂溶于普通的水时，钙离子与镁离子与其相结合了的缘故。结果不但肥皂的清洁效果被降低的同时又产生了新的污垢。

另外，+2价的阳离子还可以让污垢和污垢、污垢和其他物质相结合的作用。大多数的污垢和纤维等物质在水中的时候表面带负电。如果水中有+2价的阳离子，这些阳离子就会进入污垢和污垢、污垢和其他物质之间，将两者结合。纤维等物质和污垢结合、污垢和污垢之间的聚集都会对去污造成阻碍。

如上所述，高硬度的水会对去污造成阻碍。我们洗衣服的时候要用大量的水来稀释洗涤剂，而水中的钙离子和镁离子会对洗涤功效产生一定的影响。因此，大多数的洗衣用洗涤剂中会添加一些阻止钙离子和镁离子发挥作用的成分。

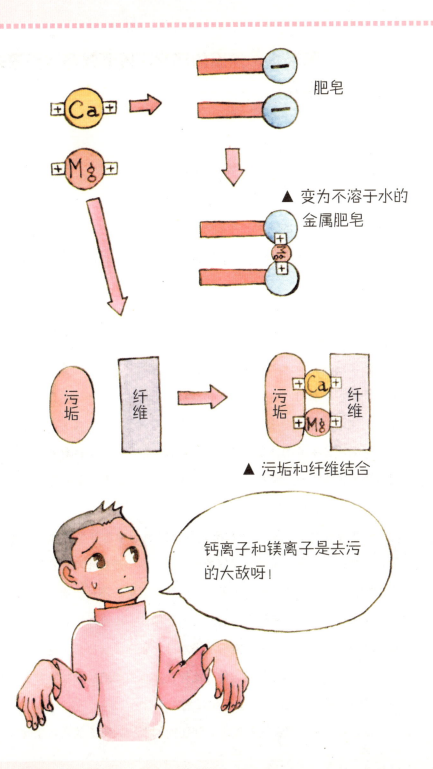

肥皂

▲ 变为不溶于水的
金属肥皂

▲ 污垢和纤维结合

钙离子和镁离子是去污的大敌呀!

淘米水、煮面的汤水、啤酒都可以用来去污吗?

　　家里的日常去污，大家一般都会使用洗涤剂和漂白剂，我们也经常听说淘米水、煮面的汤水、啤酒等也可以用来去除污垢。下面，就向大家介绍一下这些东西是否真的能用来去污，以及它们去除污垢的原理。

　　【淘米水】

　　淘米水中含有米糠，米糠中含有大量的淀粉颗粒、蛋白质和脂质。其中的蛋白质会作为界面活性剂来乳化脂质。

　　乳化油分的液体具有易与油分相溶的性质。水本身也具备一定的去除顽固油污的能力。并且，淀粉颗粒还具有吸附能溶于水的污垢成分的性质，同时也能吸附油分。米糠这样既易与油分相溶，又易于与能溶于水的污垢成分相溶的性质，使它具有可以去除多种污垢的作用。淘米水可以用来去除竹子上的涩味，在去污方面多少也能发挥些作用。

　　【煮面的汤水】

　　以小麦粉为原料的挂面和意大利面的面汤中含有蛋白质和淀粉颗粒。小麦粉中含有一种叫做面筋的蛋白质。将小麦粉和水放在一起揉，面筋的黏性就会散发出来，也就可以做各种面条。不过，面筋很难溶于水，在洗净方面不会有很大的功效。除面筋外，小麦粉中还含有很多易溶于水的蛋白质，多存在于煮面的汤水中。蛋白质既有亲水基也有亲油基，它发挥着界面活性剂的作用。此外，汤水中的淀粉颗粒发挥着污垢吸附剂的作用，由此达到了去污的目的。

　　做荞麦面时大多会用到碱水（和面用的），它煮出的汤水呈碱性，

淘米水、煮面的汤水中所含有的可以去污的成分是什么呢?

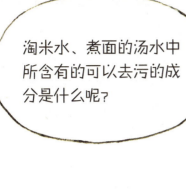

淘米水

米糠
·淀粉
·脂质
·蛋白质

煮面的汤水

面中含有的
·淀粉
·蛋白质

荞麦面的面汤

煮荞麦面
的汤水
·碱水

因此去污能力很强。碱水的成分是碳酸钠，它与洗涤剂中含有的碱剂成分相同。

【啤酒】

啤酒中含有5%左右的酒精和0.2%～1%的蛋白质。酒精具有溶解油性污垢的作用，酒精水溶液与单纯的水比起来去污的能力要强很多。啤酒中含有的蛋白质也同时发挥着界面活性剂的作用。此外，含有碳酸的水呈酸性，酸性的溶液有去除铁锈的能力。碳酸的发泡作用还能产生一定的去污作用。

【其他】

牛奶中的一种叫做酪蛋白的蛋白质发挥着界面活性剂的作用，它能把乳脂成分乳化在水中。因此，牛奶具有去除油性污垢的功效。

煮过菠菜的水中含有草酸。这种酸对于去除水垢和铁锈很有效。

【注意事项】

淘米水、煮面的汤水等虽然在去污方面有一定的功效，但是和专门的洗涤剂比起来，其去污能力还相差很远。所以，还是在污垢不太严重的情况下利用这些东西为好。

啤酒

油污

牛奶

油污（口红等）

煮过菠菜的水

金属污垢（铁锈等）

和专业的洗涤剂比起来，上面这些东西的去污能力要差很多，所以最好用于轻度污垢！

淘米水、煮面的汤水、啤酒都可以用来去污吗？

小苏打能用来去污吗？

　　近年来"天然洗涤"这个词很流行。它指的是不使用市场上出售的洗涤剂，而是利用身边的物品来享受去污的乐趣。其中，最受关注的就是小苏打了。这节内容里，将向大家介绍一下小苏打去污的原理和效果。

　　小苏打的化学名称叫做碳酸氢钠，常作为发酵粉用于食品材料中，其水溶液呈弱碱性。小苏打良好的去污功效一直被广泛地宣传着。它是一种对身体和环境都比较温和的材料，为了灵活巧妙地利用它，我们还需要了解以下几个注意事项。

　　第一就是要了解小苏打去污的原理。大多数的人都认为小苏打的去污原理是——其本身的碱性以及用小苏打颗粒擦除污垢的效果。实际上，小苏打的碱性很弱，根本就发挥不了多大的去污功效。洗涤衣物用的洗涤剂分弱碱性的以及用于洗敏感衣物的中性洗涤剂，与那些弱碱性的洗涤剂比起来，小苏打的碱性要明显弱很多。即使是洗涤用的肥皂，其碱性也要比小苏打强。

　　小苏打与较强的碱结合后，会削弱对方的碱性，所以如果把小苏打和肥皂一起用反而会降低肥皂的碱性。不过，若把小苏打加热到65℃以上，它会冒泡，变成一种碱性稍强的碳酸钠。从小苏打中冒出的泡泡是二氧化碳，由小苏打变化而来的碳酸钠是弱碱性洗涤剂中含有的碱性成分。

　　小苏打去污的很大一部分原因是它的颗粒对污垢所起的研磨作用。

每100ml水中只能溶解9.6g的小苏打颗粒，所以与少量水混合后它会变成糊状。小苏打的颗粒具有一定的硬度，很适合做研磨材料。在与液体洗涤剂混合成糊状后，加上洗涤剂中界面活性剂的作用，小苏打的去污能力会更强。

小苏打也能用来除臭和去涩味，这是它的碱性发挥了作用。小苏打的碱性很弱，大多数的臭味成分只要偏向于碱性后就会变成不易挥发的状态，所以喷洒小苏打的水溶液会有除臭的效果。小苏打还能去涩味，涩味成分难溶于水，但是如果它们偏碱性就会变成易溶于水的状态，这样再去除它们就容易多了。大家可能会想既然它有除臭效果就一定能杀菌吧，其实，小苏打的除臭效果只是作用在了臭味成分上，它并不能起到抑制细菌的作用。

还有一点需要注意的就是从小苏打的去污效果和去污成本上来看它并不是我们的最佳选择。小苏打去污时主要利用的是它的研磨作用，但与专门的研磨材料（粉末状和乳脂状）相比，它的这种能力又显得弱了一些，并且，在价格方面也决不能说是最经济的。偶尔用用还是可以的，但频繁去污还是选用专用的研磨材料比较合算。

混在一起去污效果也不是很好

小苏打

不行

洗衣用肥皂

可以除臭但却
不能杀菌

小苏打

ゴミ

使用小·苏打的时候
考虑成本问题是很
重要的。

第二章

生活用洗涤剂的分类及使用方法

洗衣时，衣服为什么会受损伤？

　　通过洗涤来给衣服去污的同时一定会给衣服造成损伤。比如说，褶皱、缩水、纤维开线、布变薄、褪色……那么，衣服在被洗涤的时候为什么会受到这些损伤呢？下面就为大家做详细的说明。

　　会发生褶皱、缩水等现象的纤维种类主要有棉、麻、丝绸、羊毛等天然纤维。构成这些天然纤维的分子非常容易与水结合。纤维中的纤维分子呈细长的线状，基本上按同一方向排列，如果纤维分子容易与水结合，当把纤维浸泡到水中的时候，纤维分子的空隙间就会吸收进水分子。吸收了水分子后的纤维会膨胀起来，膨胀之后纤维变粗，布的厚度增加，构成布的线与线之间的间隔变窄，最后布就变形收缩了。容易吸水的纤维在洗涤的时候是避免不了收缩这个问题的。所以，在选购像被罩这种注重尺寸大小的东西时，要计算好洗涤后会收缩多少。

　　此外，当水进入纤维分子之间后，纤维分子的位置就容易发生偏移。产生的这种偏移在干燥之后会残留在衣物上面，就成了干衣服上的褶皱。特别是由脱水而产生的褶皱是非常顽固的。洗衣机在脱水的时候，洗涤槽高速旋转，它产生的离心力会抖落衣服上的水分，同时也会让衣物产生不必要的褶皱。

　　洗衣机在去污的时候，利用的是衣服和衣服之间、衣服和洗衣机的突起部分之间的摩擦作用，这样的摩擦会使纤维一点点地从布上剥离。不同的条件下情况可能会有些不同，但大多数情况下，一次洗涤过程结束后都会产生小半勺左右的纤维屑，这些纤维屑就是在洗涤过程中从衣

▼ 褶皱

▼ 缩水

▼ 褪色

▼ 变薄

洗涤给衣物
造成的伤害
有哪些呢？

53

物上剥落下来的。贴身衣物如果经常放在洗衣机中洗，其质地会变得越来越薄。

由洗涤而导致的衣服褪色问题一直都不可避免。衣物上的颜色是靠化学力量来让染料与纤维结合产生的，这些与纤维结合的染料在衣服被洗涤的过程中会一点点地掉落。频繁的洗涤会使褪色情况越来越严重，有时候会让衣服的颜色变得非常淡。如果频繁地重复强力洗涤衣物，褪色现象会更加严重。

想要预防洗衣过程中产生的这些对衣物的损伤，首先要做到的就是尽量减少不必要的洗涤。把洗涤看做是一个对衣服造成损伤的操作，在衣服不脏的情况下，尽量控制洗衣服的次数是很重要的。针对衣服的褶皱和收缩情况，可以做一些这样的处理：把衣服的形状整理好再脱水，脱水时间不要过长，在衣服干燥前把褶皱弄平整。没有时间熨衣服的人在选购衣服的时候最好选择一些不易起皱的。比如说，100%的棉衬衫就非常容易产生褶皱，如果把衬衫的质地换成聚脂和棉的混纺品，出现褶皱的几率就会大大减少。含有聚脂成分布料的特点就是其中的聚脂基本上不吸水，用这种材料做成的衣服在洗涤时不易变形，也就不易走样和出现褶皱。

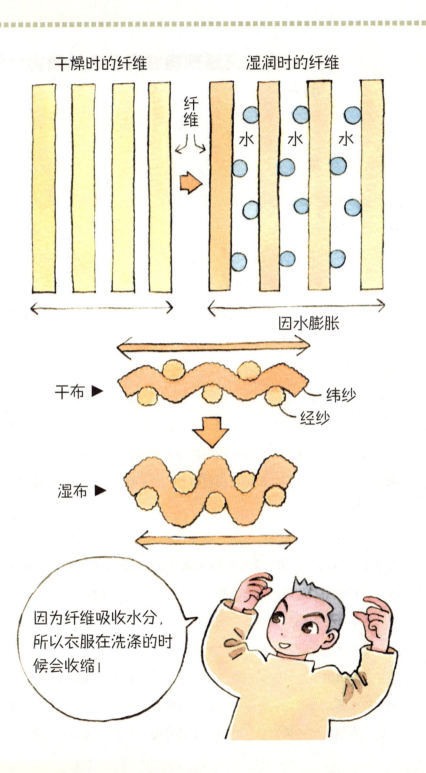

干燥时的纤维　　　　　湿润时的纤维

纤维

水　水　水

因水膨胀

干布 ▶

纬纱

经纱

湿布 ▶

因为纤维吸收水分，所以衣服在洗涤的时候会收缩！

55

什么样的洗涤剂能够有效去除油垢和泥垢？

洗涤中遇到的顽固污垢有油垢和泥垢。油垢是指来自于人体的皮脂垢以及机械油等，皮脂污垢残留在衣服上，就会变成黄色的污渍。附着在体操服和袜子等衣物上的泥垢也是较难对付的。像这样的一些顽固污垢该使用什么样的洗涤剂去除呢？

洗衣服用的洗涤剂有弱碱性和中性两种，其中去污能力较强的是弱碱性洗涤剂。弱碱性洗涤剂对于去除皮脂污垢和泥垢特别有效。皮脂污垢是各种各样的油分混合在一起形成的污垢，这种污垢里含有一种叫做脂肪酸的油性成分，它的化学成分和肥皂非常相似，在碱性条件下脂肪酸会变成肥皂，酸性条件下肥皂又会变成脂肪酸。也就是说，把皮脂污垢浸泡在碱性溶液中，皮脂污垢中的脂肪酸就会变成肥皂，也就是说污垢中出现了"叛徒"。皮脂污垢在碱性溶液中会像发生了内部崩溃一般纷纷掉落。

去除食用油脂和机械油时就需要寻求一些稍微不同的洗涤剂。去除食用油脂污垢时，使用含有能分解油脂的脂肪分解酶的洗涤剂比较有效。食用油脂和肥皂的相溶性较好，也可以有效地去除污垢。把衣物放在含有脂肪分解酶的洗涤液中浸泡一晚上再洗涤，或是在衣物有油垢的部分涂上固体肥皂再洗涤，都能很好地去污。

去除机械油的时候，在脏污部分涂上界面活性剂浓度高的液体洗涤剂比较有效。与石油成分容易溶合，以非离子性的界面活性剂为主要成分的洗涤剂效果较为明显。去除机械油时碱并不能起到很大的作用，反

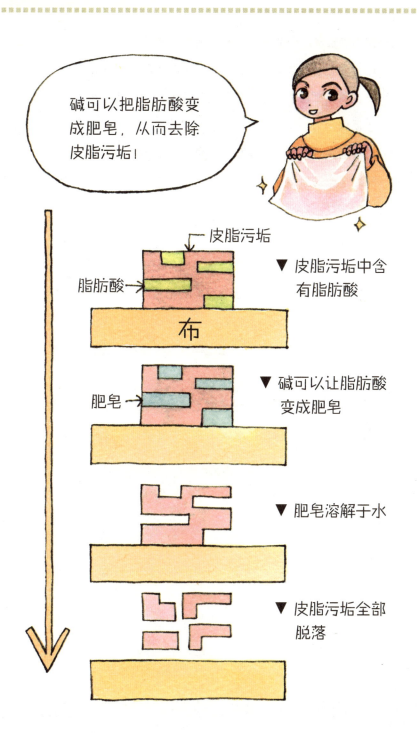

碱可以把脂肪酸变成肥皂，从而去除皮脂污垢！

皮脂污垢

脂肪酸

布

▼ 皮脂污垢中含有脂肪酸

肥皂

▼ 碱可以让脂肪酸变成肥皂

▼ 肥皂溶解于水

▼ 皮脂污垢全部脱落

而是使用中性洗涤剂会获得较好的洗涤效果。

对付泥垢就要靠碱来发挥功效了。在碱溶液中不论是泥垢的颗粒还是纤维的表面都带有负电，这样在污垢和纤维，还有污垢和污垢之间就产生了反作用力。这种反作用力就成了去除泥垢的原动力。并且，如果加入的界面活性剂具有带电性，就能提高负电的表面电势，增强去污效果。SDS（十二烷基苯硫酸钠）、肥皂等都是能有效增加带电性质的界面活性剂。

不过在对粘上泥垢的衣物进行清洗时，即使选用了含碱性和界面活性剂种类都非常适和的洗涤剂，洗涤时如果机械力达不到应有的力度，污垢依然不能被清除干净。应尽可能地把衣服浸泡在洗涤液中，然后再揉搓，或是用刷子刷脏污的部位。在洗衣机里用强水流长时间洗涤虽然在一定程度上能有效地去污，但是同样也会给衣物造成损伤，还是手洗比较好。

此外，去除泥垢时，不论是浸泡还是预先用清水洗，泥垢都有可能会进入到纤维的内层深处，所以尽量不要这样做。

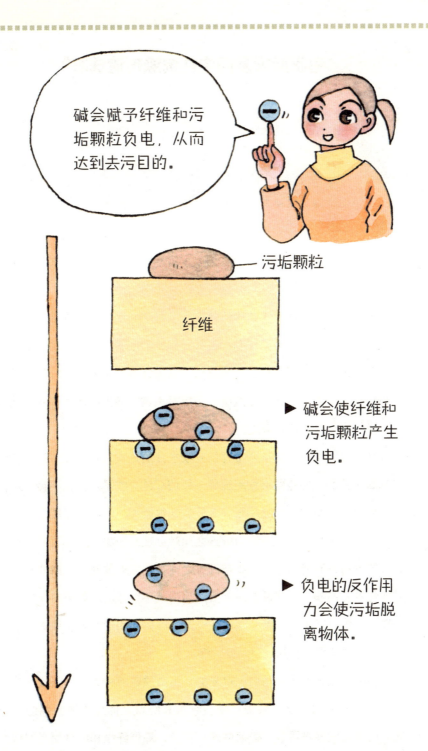

碱会赋予纤维和污垢颗粒负电，从而达到去污目的。

污垢颗粒

纤维

▶ 碱会使纤维和污垢颗粒产生负电。

▶ 负电的反作用力会使污垢脱离物体。

毛衣必须要用中性洗涤剂清洗吗？

用错误洗涤方法洗毛衣，毛衣就会缩水。毛衣本身属于对洗涤较为敏感的衣物，洗毛衣要选用中性洗涤剂。如果不选择中性洗涤剂又会引发哪些问题呢？在这里，我们将为大家说明一下洗涤会给毛衣带来怎样的损伤，为什么要用中性洗涤剂来洗毛衣。

一般来说，制作毛衣的材料就是羊毛等动物毛或是丙烯基等合成纤维。中性洗涤剂适合用来洗动物毛纤维制成的毛衣。羊毛等动物毛纤维的主要成分是一种叫做明胶的蛋白质，这种纤维的主要特征就是表面被一种硬硬的叫角层的细胞覆盖着，角层呈鱼鳞状覆盖在表面，从形状来看，我们也可以称它为鳞片。

动物毛纤维的内部是非常容易吸收水分的柔软的蛋白质，这种纤维吸水后会膨胀。但是角层细胞很硬，即使纤维吸收了水分也不会有所伸展。结果，细胞的内部会膨胀，而外侧却很紧绷，由此就形成了鱼鳞的形状。一旦鳞片鼓起，纤维与纤维之间就会彼此纠缠在一起收缩起来。鳞片的分布具有方向性，纤维与纤维之间彼此摩擦的时候，鳞片向不会被卡住的方向移动，在反方向因受到阻碍就不能移动。如果只能向一方移动，纤维与纤维之间就会纠缠在一起。所以，用动物毛纤维做成的毛衣在洗涤时如果不多加注意，就会缩水。

动物毛皮纤维是由蛋白质得来的，蛋白质遇碱后更容易吸收水分。于是，鳞片鼓起的状态会更严重，纤维和纤维之间也更容易纠缠在一起。而中性洗涤剂可以让鼓起的鳞片减少，降低纤维和纤维相互纠缠在

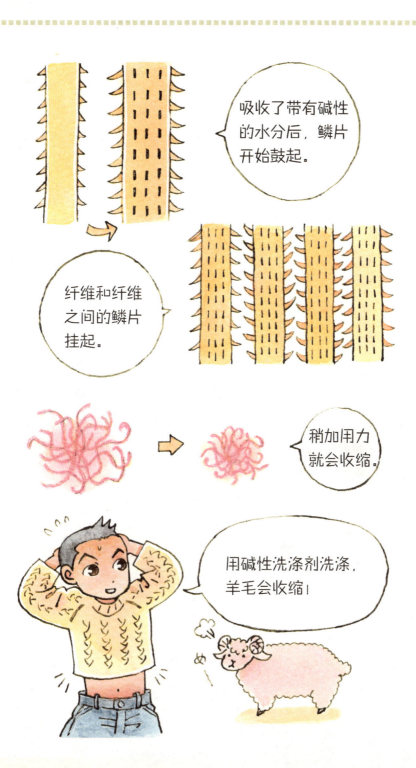

吸收了带有碱性的水分后，鳞片开始鼓起。

纤维和纤维之间的鳞片挂起。

稍加用力就会收缩。

用碱性洗涤剂洗涤，羊毛会收缩！

一起的可能性。

　　并不是只有使用弱碱性的合成洗涤剂和肥皂会让毛衣收缩。按压给毛衣施加的外力也是让它收缩的必要条件之一。而洗涤毛衣的时候必须要揉压，因此自然而然施加了让毛衣收缩的外力。所以，为了尽量抑制鳞片鼓起，推荐大家使用中性洗涤剂。

　　实际上，还是建议大家采用手洗的方法洗毛衣。在洗衣桶中准备好溶解了中性洗涤剂的洗涤液，把折叠好的毛衣放在洗涤液中浸泡，再用双手轻轻地捞起，让洗涤液慢慢地穿过毛衣内部。如果用洗衣机洗涤，可以把毛衣放在洗涤用的网兜中用弱水流洗涤。

　　用洗涤液洗完之后进行短时间的脱水，然后选用"手洗"或使用"网兜"洗涤的漂洗方式进行机洗，再次短时间脱水。之后，整理毛衣的形状。洗涤之前，可以预先做一个毛衣的纸样，这样在洗涤结束后可以按照纸样把毛衣整理成原来的样子。含水状态下的毛衣非常的柔软，形状也很不稳定，最好在这个时候整理毛衣。为了防止因重力而引起的变形，最好整理平整后平放在阳光下晒干。

尽量用手洗毛衣。如果选择机洗要放入网兜中使用弱水流进行洗涤！

▲ 放入网兜中……

▲ 洗涤之前做好纸样……

▲ 在洗衣盆中按压

毛衣必须要用中性洗涤剂清洗吗？

可以用加入了漂白剂的洗涤剂洗有色衣物吗?

皮肤代谢的蛋白质和汗液成分混搅在一起形成的污垢、掉落在衣服上的食物污渍，使用漂白剂是非常有效的。最近，配有漂白剂的洗涤剂销量日增。可以使用这些漂白剂或是加入了漂白剂的洗涤剂来洗有色衣物吗?

要想回答这些疑问首先就要了解漂白剂的种类。漂白剂有多种，其中有适合洗有色衣物的和不适合洗有色衣物的。不能用来洗有色衣物的漂白剂是氯漂剂。这种漂白剂的主要成分是一种叫做次亚氯酸钠的具有超强漂白作用的物质。因其具有分解多种染料的能力，所以在包装瓶上会标注只能用来洗白色衣物的提示。其他的衣物用漂白剂中一种叫做氧漂剂的漂白剂，不具备分解色素的漂白力，它可以用来洗涤有色衣物。在加入了漂白剂的洗涤剂中也加入的是可以洗涤有色衣物的氧漂剂。

用于有色衣物的漂白剂分成两类。一类是使用了过碳酸钠的粉末状漂白剂，另一类是使用了过氧化氢的液体漂白剂。以过碳酸钠为主要成分的粉末状漂白剂的漂白力相对较强。两者的区别就在于是否能被用于洗涤丝绸和毛等敏感性天然纤维。粉末状的漂白剂不可用来洗涤丝绸和毛，液体漂白剂则可以用于洗涤包括丝绸和毛在内的所有纤维。不过，含有过氧化氢的漂白剂，其分解污垢的能力并不是很强。

那么，加入漂白剂的洗涤剂中所含的漂白剂是什么呢? 因为是配在洗涤剂中，所以要做到量少而有效。为此，一种叫做"漂白活化剂"的新型材料开始被应用。这种漂白剂具有可以对污垢进行选择性吸附的性

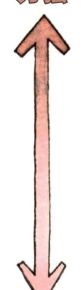

漂白力强
↑
↓
漂白力弱

氯漂剂

主要成分是次亚氯酸钠，不能用于洗涤有色衣物。

氧漂剂（粉末）

主要成分是过碳酸钠，能用于洗涤有色衣物，不能用于洗涤丝绸、毛。

氧漂剂（液体）

主要成分是过氧化氢，能用于洗涤有色衣物，能用于洗涤丝绸、毛。

可以用加入了漂白剂的洗涤剂洗有色衣物吗？

漂白剂分氯漂剂（液体）、粉末状氧漂剂、液体氧漂剂三种!

质。它在吸附污垢这一点上和界面活性剂非常相似。漂白活化剂有着和界面活性剂相似的构造，可以把它称为像界面活性剂一样的漂白剂。随着这种漂白活化剂的使用，漂白剂配合型的洗涤剂被广泛地应用起来。

漂白活化剂有着比过碳酸钠还要强的漂白力，但它却不分解染料，即使用于有色衣物的洗涤也没有问题。漂白剂不仅被配在洗涤剂中，也作为专用的漂白剂单独出售，像在过碳酸钠中加入漂白活化剂就是一种专售的漂白剂。与单一的以过碳酸钠为主要成分的漂白剂相比，它的漂白能力要稍强一些。

如上所述，漂白剂配合型洗涤剂和氧漂剂用于有色衣物的洗涤是没有什么问题的，但反复的洗涤也会让衣物褪色。一般来说，漂白剂配合型洗涤剂比漂白剂未配合型洗涤剂的去污能力要强。所以我们要知道：与一般的洗涤剂相比，漂白剂加入型洗涤剂使衣物褪色的可能性要大。特别是那些对颜色很讲究的衣服，在洗涤的时候最好选用没有加入漂白剂的洗涤剂，以防衣物褪色。

漂白活化剂

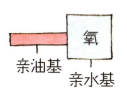

亲油基　　氧
　　　亲水基

▶ 与界面活性剂构造相似

从亲水基中可以产生氧

污垢　　漂白活化剂吸附污垢

漂白活化剂吸附污垢

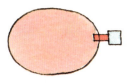

产生的氧发生氧化作用

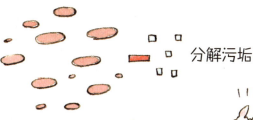

分解污垢

可以用加入了漂白剂的洗涤剂洗有色衣物吗？

室内晾衣时，不使衣物产生异味的方法有哪些？

晴朗的日子里把衣服挂在室外晾干是最好的了，但在生活中，有的人会因各种原因不得不在晚上把衣服放在室内晾干。梅雨时节里，很多人只好把要晾干的衣物放在室内。放在屋子里晾干的衣物有时会滋生一些难闻的气味，下面就介绍一些不让衣物产生异味的方法。

衣物上难闻的气味大多是由滋生在里面的大量细菌带来的，阻止细菌繁殖才是防止衣物产生异味的关键。细菌繁殖需要三个必要条件——水分、温度和营养素。充足的水分、20度以上的气温、作为能量源的营养素，这三个要素组合在一起就会让细菌繁殖起来。其中，最容易掌控的条件就是水分。要想控制室内温度，夏天就需要开空调，而这样又会浪费能源。想让衣物上不残留任何营养素，就必须要把由营养素构成的污垢彻底地从衣物上去除干净，而这是不可能做到的。既然温度和营养素都难以控制，就在洗涤结束后尽快地将衣物上的水分去掉，这也是防止衣物产生异味的一个小窍门。

那么，怎样做才能尽快去除衣物上的水分呢？首先就是通风。衣物是细长纤维的集合体，被一部分纤维吸收的水分从纤维表面蒸发后，衣物就干了。如果空气潮湿，就会阻碍水分的蒸发。空气的干湿程度叫湿度，如果水汽量达到空气能够容纳水汽的限度，即饱和程度时就是湿度为100%的状态。湿布的周围很容易达到100%的湿度。

把衣物中湿度高的空气赶走，然后填入湿度低的空气不失为一个巧妙的加速衣物干燥的方法。其中的一个方法就是利用家里的换气扇，把

69

洗涤后的衣物对着换气扇挂起，换气扇产生的气流可以让衣物快速干燥，而且不会产生异味。

晾衣物的时候最好不要把它们重叠在一起，那样会使布与布之间的通风变差，湿度接近100%，从而防碍水分的蒸发。晾毛巾的时候，把毛巾用夹子夹起来展开晾干和把毛巾搭在绳子上对折晾干，干燥时间会有很大的不同。把折了一次的毛巾再对折一次就很容易产生异味。特别是厨房用的抹布，在晾干的时候更要多加注意。

最近，在市场上也能买到能预防异味产生的洗涤剂，其中大多都加入了漂白剂，添加了除菌作用，使残留在衣物上的细菌数量减少，预防细菌的繁殖。不过即使使用了除菌用洗涤剂，也不可能把细菌的数量降至零。细菌在湿润的情况下可以呈100倍、1000倍地迅速增加。所以，即使使用了除菌用的专用洗涤剂，也要把衣物迅速晾干。

● 在室内晾干衣物的窍门 ●

室内晾衣时，不使衣物产生异味的方法有哪些？

（1） 利用换气扇、电风扇

（2） 不要折起晾晒

（3） 使用有除菌效果的洗涤剂

洗涤成分中的荧光剂是什么？

弱碱性的洗涤用合成洗涤剂中很多都加入一种叫做荧光增白剂的成分。

荧光增白剂就是一种淡化衣物上黄斑的染料。一般情况下，纤维被反复使用后就会发黄，皮脂成分等渗透到纤维的深处，成为日常洗涤中不易去除的污垢，沉淀下来就变成了微微发黄的物质，还有一种情况就是纤维被空气中的氧或太阳光线中的紫外线氧化变黄。消除这些衣物上的微黄时就要用到荧光增白剂。

太阳光和荧光灯的光照射到纤维上后，其中的一部分光就会被微黄的部分吸收形成黄垢。一旦反射光线产生偏移，人就会看到有黄色附着在衣服上。太阳光线是各色光的集合体。我们也可以认为它是红、绿、蓝光合在一起构成的。红、绿、蓝光合在一起，看起来就是白色的。太阳光线照射在白色物体上的时候就是红、绿、蓝光被均等反射的时候。这时，肉眼看到的物体就是白色的。如果把太阳光中的蓝色光去掉，只反射红光和绿光的话，这种光就变成了黄色。衣物看起来发黄就是因为照射在上面的蓝光被吸收，只反射了剩下的光造成的。衣物泛黄的原因就是衣物的纤维产生了吸收蓝光的性质。

洗涤剂中的荧光增白剂吸收紫外线发出蓝色的荧光，它是一种增白剂与荧光发生化学反应后发出的光。让这种荧光在每次的洗衣操作中发挥作用，衣物上的微黄就会慢慢被淡化。

对于这种荧光增白剂有两种意见。否定荧光增白剂的理由是这种增

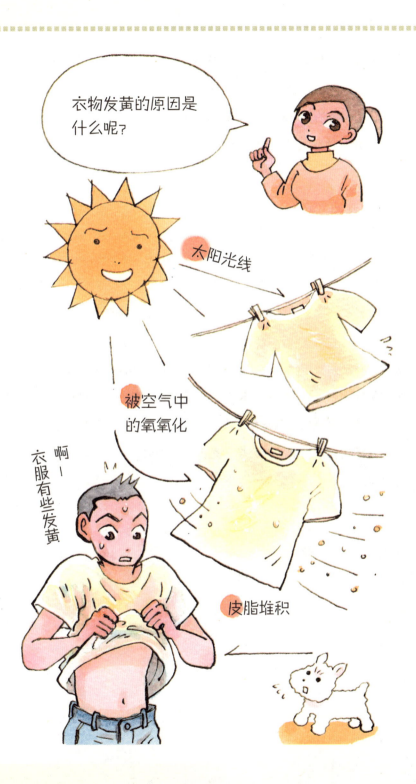

白剂并没有去除微黄，它只不过是用白色的染料把衣物染了一遍，让其看起来发白而已，这样的洗涤方法是错误的。还有一个否定的理由，就是它让不必要的化学物质附着在了衣物上。

还有一种意见就是荧光增白剂可以通过去除微黄来延长衣物的寿命。比如说一件蓝色衣服，经常穿着、洗涤之后，颜色会渐渐褪掉。如果通过染色让衣物焕然一新的话，那么这种做法还是应该被肯定的。市场上既有加入荧光增白剂的洗涤剂，也有没有加入荧光增白剂的洗涤剂，每个人可以根据自己的价值观进行选择。

使用加有荧光增白剂的洗涤剂时要注意以下几点：其一，要尽量避免把这样的洗涤剂用于黄色的衣物，原生色的衣物使用荧光增白剂，色泽会发生很大的变化，经常会让好好的衣物变得颜色不均、无法使用。其二，在使用粉末状的荧光增白剂时，一旦粉末没有被溶解好，洗涤成分只是作用在了衣物上的一部分时，荧光增白剂就会在那一部分上过度沉淀，使这部分的颜色与整个衣服的颜色产生差异，形成斑点状的类似污渍的痕迹。使用加有荧光增白剂的洗涤剂时，一定要均匀地溶于水后再使用。

照射上 红 · 绿 · 蓝 的光……

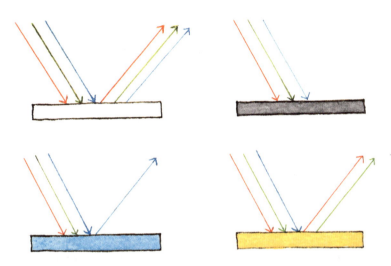

▶ 红、绿、蓝的光反射的是白色。
什么也不会反射的是黑色。蓝色的光反射的是蓝
色。呈现黄色的原因是蓝色的光被吸收，没能被
反射，只有红光和绿光被反射了。

紫外线　　▼ 荧光增白剂

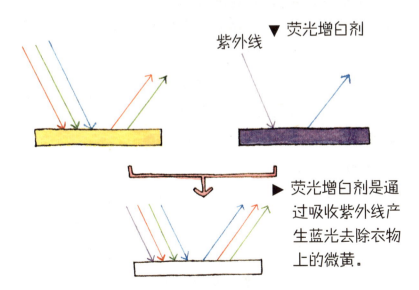

▶ 荧光增白剂是通
过吸收紫外线产
生蓝光去除衣物
上的微黄。

具有柔顺效果的洗涤剂是柔顺剂和洗涤剂的混合物吗？

用一般的洗涤剂反复洗衣服，衣服就会变硬。这是因为纤维中的油分被除掉而失去柔性的缘故。所以，在使用完一般的洗涤剂后最后的一道洗涤工序最好使用柔顺剂，也可以使用具有柔顺效果的洗涤剂。这里将介绍一般的柔顺剂和具有柔顺效果的洗涤剂。

作为洗涤剂的副品出售的柔顺剂，其主要成分是阳离子界面活性剂。阴离子界面活性剂作为洗涤剂的主要成分使用，而阳离子界面活性剂却有着与之相反的电性。在水中，阳离子界面活性剂会变成带正电的阳离子，纤维在水中表面会带负电。这样，阳离子界面活性剂的正电和纤维的负电相互吸引，纤维的表面被阳离子界面活性剂吸附覆盖。

但是，柔顺剂中界面活性剂吸附的状况与用于洗涤剂中的界面活性剂非常不同。作为洗涤剂成分的界面活性剂，它的带有油性的亲油基会吸附在纤维上，柔顺剂的阳离子界面活性剂，它的亲水基上带有正电，所以亲水基就与带负电的纤维表面接合，亲油基从纤维的表面向外排列。从外部看上去，纤维的表面被亲油基覆盖着，我们也可以认为因电性而附着的油性薄膜覆盖在了纤维的表面。因阳离子界面活性剂的吸附，纤维表面被赋予了油的性质，衣物纤维变得顺滑柔软。

具有柔顺效果的洗涤剂很少使用阳离子界面活性剂。阳离子界面活性剂和作为洗涤剂主要成分的阴离子界面活性剂，它们的正电电力和负电电力结合在一起后就发挥不出各自的功效了。把一般的洗涤剂和柔顺剂混合在一起使用，双方的功效都不会失去。具有柔顺效果的洗涤剂所

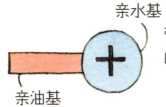

亲水基

带 ⊕ 电的柔顺剂
的界面活性剂

亲油基

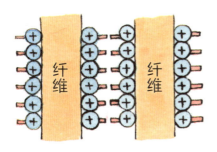

纤维　纤维

▶ 亲油基面向外侧吸附在纤维表面。亲油基让表面变柔滑，亲水基保存水分防止静电。

具有柔顺效果的洗涤剂是柔顺剂和洗涤剂的混合物吗？

好柔软—

好滑啊—

抓都抓不住

柔软剂

利用的并不是有柔顺作用的界面活性剂，而大都是在洗涤剂中加入了具有柔滑吸附性的粒子，洗涤结束后，这些粒子就会覆盖在纤维的表面。黏土粒子就是其中的一种。把木材等材料中的纤维素做成颗粒状后可以作为柔顺性赋予剂加入洗涤剂中。正如以上所述，专用的柔顺剂和具有柔顺效果的洗涤剂原理完全不同。有了具有柔顺作用的洗涤剂就不要同时使用柔顺剂了。

用一般的洗涤剂完成洗涤后进行漂洗，再在水里面加入柔软剂是没有问题的。漂洗完衣物后，上面多少还会残留一些界面活性剂，少量的界面活性剂不会造成很大问题。另外，在对衣物进行完柔顺处理后，水中含有很多的阳离子界面活性剂，这样的水不要用来溶解洗涤剂再次用于洗涤。这是因为，柔顺过程中需要的阳离子界面活性剂和洗涤成分中的界面活性剂结合后就会让洗涤剂失去功效。

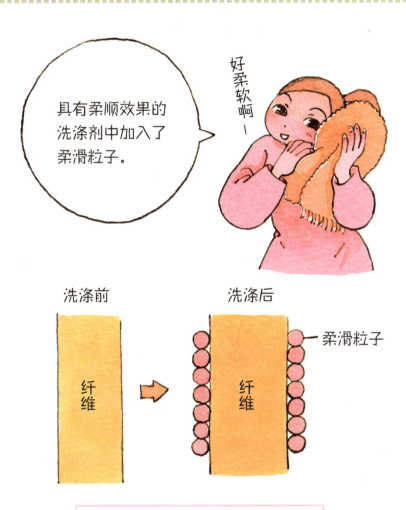

具有柔顺效果的洗涤剂中加入了柔滑粒子。

好柔软啊—

具有柔顺效果的洗涤剂是柔顺剂和洗涤剂的混合物吗？

洗涤前　　　洗涤后

纤维　→　纤维

柔滑粒子

添加了柔顺效果的洗涤用洗涤剂

使用肥皂洗涤有什么窍门？

用于衣物洗涤的洗涤剂有合成洗涤剂和肥皂，有很多人热衷于使用肥皂吧。不过，使用肥皂洗涤的时候需要掌握一些窍门。下面介绍使用肥皂洗涤的方法。

肥皂自身就是一种拥有良好去污性质的界面活性剂，不过我们在使用之前最好先来了解一下它的缺点。首先，与水中的成分结合后会产生不溶于水的污垢。自来水中含有钙离子和镁离子，这些离子与肥皂结合，就会生成一种不溶于水的物质，叫做金属肥皂。金属肥皂是一种有黏性的污垢，残留在衣物上就会形成微黄。

在使用肥皂洗涤的时候，首先需要注意的就是洗涤用水的水质，即水的硬度。水的硬度指的是水中含有钙离子和镁离子的比例，水的硬度不同，使用肥皂的方法也完全不同。水的硬度用ppm（百万分率）来表示。当水的硬度达到100ppm的时候，溶于水的肥皂中几乎一半要变成金属肥皂，肥皂只能发挥出其一半的功效。在水的硬度非常低的情况下，只需使用肥皂标准用量的一半就能把污垢去掉。洗涤时，把握水质是使用肥皂时需要掌握的第一步。

在水的硬度达到50ppm的区域时，就不能无视金属肥皂带来的问题了。特别是在肥皂量少的情况下，金属肥皂就会附着在衣物上引发一些问题。为了防止金属肥皂的沉淀，洗涤后，要用大量的水对衣物进行漂洗，或是在漂洗期间加入酸性的漂洗液、醋酸和柠檬酸等。这样，金属肥皂就会变成脂肪酸在漂洗中被去除，同时，残留的脂肪酸还能给纤维

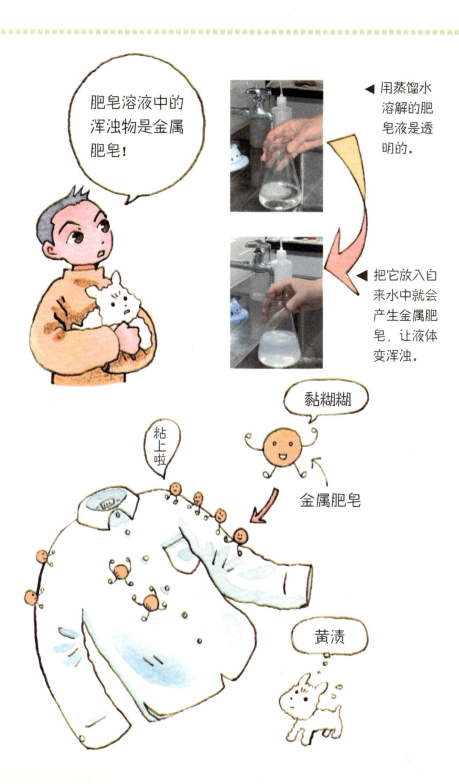

肥皂溶液中的浑浊物是金属肥皂！

▶ 用蒸馏水溶解的肥皂液是透明的。

▶ 把它放入自来水中就会产生金属肥皂，让液体变浑浊。

黏糊糊

粘上啦

金属肥皂

黄渍

带来柔软的效果。

　　其次，在硬度高的水中用肥皂洗涤衣物，洗涤槽内还容易沉淀金属肥皂，成为引发卫生问题的原因。由此洗涤槽内可能会产生霉等问题，所以最好经常使用漂白剂来做一些卫生处理。

　　除了以纯肥皂为主要成分的肥皂还有加入了作为碱剂的碳酸钠的肥皂和除肥皂外的界面活性剂的肥皂（这种肥皂的硬度会降低其带来的伤害）。碳酸钠具有抑制钙离子和镁离子的能力，还具有分解金属肥皂的功效，肥皂中如果加入除肥皂以外的界面活性剂就可以分解金属肥皂，并能把由它带来的问题降到最小。

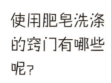

使用肥皂洗涤
的窍门有哪些
呢？

▶ 确认水的硬度

▶ 认真漂洗

▶ 认真给洗衣机做扫除

洗衣机用
清洗液

▶ 洗涤后用酸性的漂洗液处理

局部除垢的注意事项是什么？

　　局部除垢指的是去掉通常洗涤中去不掉的污垢，以及在不需要把衣服整个洗一遍时用到的去污的方法。下面就介绍预防除垢失败的几个注意事项。

　　局部除垢的基本原理就是用能够溶解污垢的溶液去除污垢。除去油垢的时候，可以使用汽油和酒精等有机溶剂。对付水溶性污垢则要使用漂白剂、酸、碱等的水溶液。这些处理的共同问题就是溶解了污垢的溶液与污垢本身同时粘到了布上。渗进布中的溶液在布中扩散，但同时溶入液体里的污垢也会跟着扩散。污垢一点点地扩散，最终就会形成一个环状，也就是"环形污渍"。如果形成了这样的污垢，会因污垢的范围过大而给处理带来困难。局部除垢的最大一个注意事项就是一定要防止在衣物上形成环状污渍。

　　去除局部污渍的基本操作是——为了将污垢成功转移，先在污垢的下面放置一块垫布，用棉棒（筷子的顶端用小块布包上脱脂棉）和刷子等蘸上能溶解污垢的液体，从污垢的背面开始轻轻敲打，这样就能把污垢转移到垫布上了。为了不让环形污渍产生，在用液体涂湿污渍的时候，不要从污渍附着的部分开始，而是从周边开始，当浸湿的液体到达污渍部分之后再开始敲打。这样操作不会让污渍部分的液体移动向任何地方。溶解了污垢的液体不会向周边扩展，所以就能预防环形污渍的产生。掌握了预防环形污渍产生的窍门，除垢就不会失败了。

　　如果油垢和水溶性污垢混在了一起，首先就要从油垢部分开始去

局部除垢的窍门就是辨别是油性还是水性污垢，使用垫布，预防形成"环形污渍"，不能进行擦磨处理！

▶ 要看清污渍是油性的还是水溶性的。

▶ 在布上的污垢下垫一块垫布，把污垢从布上转移到垫布上。

▶ 从污垢的四周涂除垢液体，以防出现"环形污渍"。

除垢液

污渍

▶ 进行擦磨处理可能会让布起毛，所以这样的操作是不可行的。

海绵

不行

嚓嚓嚓

除。除油垢用的有机溶剂，在除完油垢后很快就会挥发，所以可以紧接着进行去除水溶性污垢的操作。在使用汽油和酒精等有机溶剂的时候，首先需要注意的就是防火。渗进布中的有机溶剂非常易于挥发，所以不要在狭小的室内操作，而要到通风良好的地方。水溶性的污垢在用洗涤剂、漂白剂、酸、碱等做完处理后，要把它们的残留成分用水冲走，这个处理非常重要。

去除机械油和口红渍适合用汽油，去除食用油适合用酒精。用有机溶剂处理过的污垢再用洗涤液去除会容易很多。墨汁、血液、果汁、葡萄酒、咖喱等污渍适合用氯漂剂或是氧漂剂来去除。对于铁锈，使用硼酸和特殊漂白剂等还原性漂白剂比较有效。

此外，像墨汁、口香糖等造成的污垢靠简单的溶解是解决不了的。处理墨汁和泥垢时，把米饭粒和淀粉糊与粉末剂搅拌在一起做成糊状涂抹在污垢上，然后用刮勺仔细刮，最后用水清洗。这种方法是利用了米饭粒和糊的吸附作用来去除粒子污垢的。处理口香糖顽渍时，先用冰和冷却喷雾把它冷却固定，待大部分口香糖被剥落之后，再用海绵蘸汽油等有机溶剂溶解去除剩下的部分。

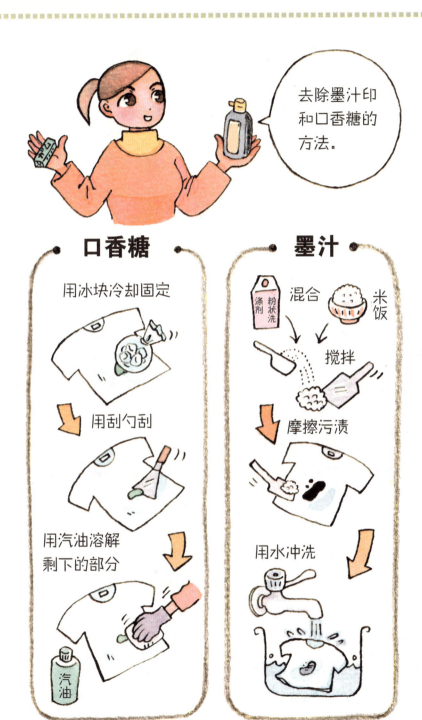

去除墨汁印和口香糖的方法。

口香糖

用冰块冷却固定

用刮勺刮

用汽油溶解剩下的部分

汽油

墨汁

涤剂 粉状洗 混合 米饭

搅拌

摩擦污渍

用水冲洗

洗衣店是怎样洗衣服的呢？

    洗衣店等专门店是怎样给衣物去污的呢？实际上，洗衣店在给衣物去污的时候会分别使用不同的去污技术。下面就让我们来看一看洗衣店的去污方法吧。

    洗衣店处理衣物的方法有三种：干洗、机洗、水洗。所谓的干洗是指利用有机溶剂把衣物放在专门的洗衣机中洗，干洗中的"干"指的是不用水的意思。天然纤维的分子间吸收进水分会引起衣物的褶皱和收缩，而使用有机溶剂的话，有机溶剂就不会进入纤维的分子之间，因为不会出现褶皱和收缩问题，也就不必担心衣物会变形了。

    用于干洗的有机溶剂有石油溶剂和氯溶剂。氯溶剂不易燃烧，不存在爆炸的危险性，溶解污垢的能力强，与之相比，石油溶剂存在爆炸的危险性，溶解污垢的能力比氯溶剂弱。但是，氯溶剂会给人的健康带来不利影响，还会污染土壤和地下水，所以大部分洗衣店都在使用石油溶剂。

    不论是哪一种有机溶剂，其去除油性污垢的能力都很强，不过它们也都有自己的弱点，那就是对于那些用水就能轻易去除的食盐、砂糖、汗液等造成的污垢会显得无能为力。为此，人们采用了一种称作"填料"的洗涤方式，即在有机溶剂中加入界面活性剂，以此来应对水溶性污垢。但是这种方法去除水溶性污垢的效果并不显著，因为界面活性剂容易蒸发，还会残留在衣物上面。

    机洗是指用水进行的高标准洗涤。使用的是提高了温度的称作专用

干洗时使用了和汽油一样的有机溶剂！

使用干洗用溶剂，纤维就不会膨胀。

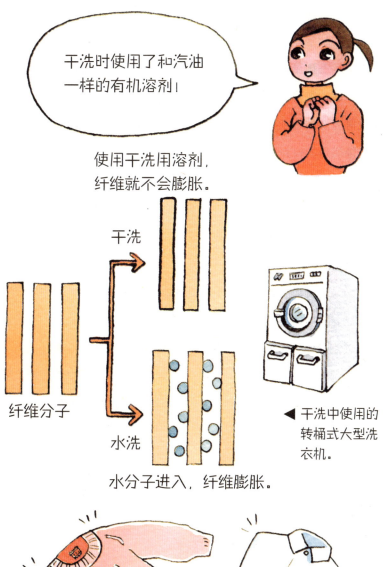

纤维分子

干洗

水洗

水分子进入，纤维膨胀。

◀ 干洗中使用的转桶式大型洗衣机。

柔软

没有变形♩

洗涤机的洗净装置。提高温度后，水溶性污垢的溶解性增加，洗涤剂和添加剂的化学作用提高，油性污垢的流动性增强，这些因素都非常有益于去污。在高温条件下，可以选择与高温条件相符合的洗涤剂，从而获得比普通的家庭洗涤更好的效果。此外，专门洗衣店中的工作人员具有熨烫等方面的专业技术，所以，经洗衣店洗涤熨烫过的衬衫和自己在家里洗涤熨烫的衬衫有着很大区别。

水洗就是用水来洗，它是为防止衣物受损而进行的细致洗涤的方法。用来水洗的衣物基本上就是干洗处理过的衣物。使用有机溶剂的干洗虽然可以轻松去掉油垢，但是对水溶性污垢却无能为力，所以去掉水溶性污垢，就利用以水为媒介的水洗。

因为衣物的去污和洗涤后处理的方法有着很多奥妙，所以，不同的洗衣店，其技术含量存在着很大的区别。在干洗的时候，关于怎样去除溶解进溶剂中的污垢这一问题，与干洗后的处理有着很大的联系。所以我们在选择洗衣店的时候要从价格、技术、领取衣服的管理制度等多方面进行考虑。取衣服时的检查方法等也是评价业者的重点。

机洗

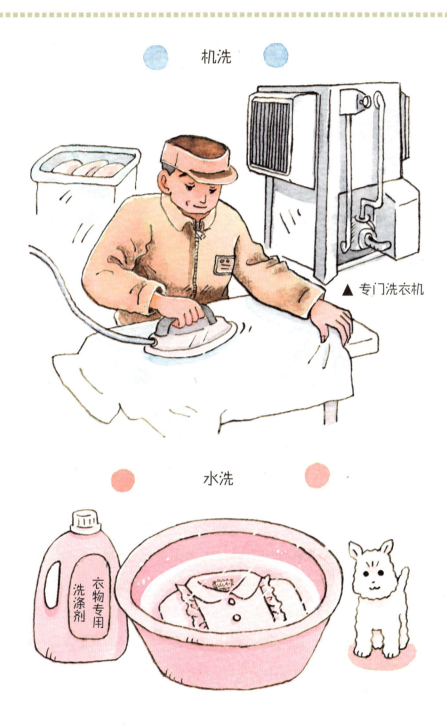

▲ 专门洗衣机

水洗

衣物专用
洗涤剂

洗衣店是怎样洗衣服的呢？

91

厨房用洗涤剂可以清洗蔬菜和水果吗?

洗盘子和玻璃杯等餐具的时候可以使用厨房用洗涤剂。那么也可以用它来洗蔬菜和水果吗?下面将对厨房用洗涤剂的用途来做一些说明。

在日本,厨房用洗涤剂的普及源于1950年,那时候认为与洗餐具相比,洗涤剂更应该用来洗蔬菜和水果。那时候还有在栽培蔬菜和水果时把人粪便当做肥料使用的习惯,引发了很多蛲虫等寄生虫卵经由蔬菜和水果感染给人的问题。为了防止这种感染,当时就推崇用洗涤剂清洗蔬菜和水果的做法。

之后,人们废止了用粪便做肥料,蔬菜和水果只用自来水冲一下就可以了,根本无需再担心会感染寄生虫。所以,现在我们基本上看不到人们用洗涤剂洗蔬菜和水果了。

但是,从食品卫生角度来考虑,人们潜意识里确实还存有把蔬菜和水果清洗干净的想法。附着在水果和蔬菜上的农药、汽车和工厂中排出煤烟等沉淀下来的污垢,还有最近引人关注的病原菌等问题,这些给食品安全带来很大影响的问题始终困扰着消费者。难道为了消除这种不安,就可以使用厨房用洗涤剂来清洗蔬菜和水果吗?

现在市场上出售的厨房用洗涤剂主要有两大类,一类是以清洗蔬菜和水果为目的的洗涤剂,还有一类就是用来清洁餐具的洗涤剂。以清洗餐具为目的的厨房用洗涤剂,如果是合成洗涤剂,使用的时候一定要把界面活性剂的浓度降到0.1%以下。使用肥皂的话,规定使用

时的浓度为0.5%以下。如果是这样的浓度，用来洗蔬菜和水果就没有问题了。

　　液体的厨房用洗涤剂是弱碱性的，并且还加入了除菌剂。这样的洗涤剂是不能用来洗蔬菜和水果的。如果要用洗涤液来洗蔬菜和水果，就要先确认一下在厨房用洗涤剂的容器上是否有"可以用来洗蔬菜和水果"的标识。

　　即使使用可以来洗蔬菜和水果的厨房用洗涤剂，也要注意一下清洗的方法。大多数人在洗餐具的时候，都会用海绵蘸上洗涤剂的原液，然后揉出泡沫。不过在洗蔬菜和水果的时候，最好把厨房用洗涤剂用水稀释成容器瓶上所要求的浓度。要快速洗涤蔬菜和水果，然后用自来水或是流动水冲洗。如果把蔬菜和水果长时间浸泡在洗涤液中，洗涤剂的成分会渗透进蔬菜和水果中去，即使用水冲洗也很难冲掉。此外，在清洗卷心菜等蔬菜的时候，切好后的卷心菜容易吸收洗涤剂的成分，最好在切之前用洗涤液一片一片地清洗。

还有一些洗涤剂是专门为食品生产企业提供的，其主要成分是可用作食品添加剂的界面活性剂。

95

厨房用洗涤剂不能用来洗手吗？

厨房用洗涤剂的主要功用就是用来洗餐具、烹饪器具、蔬菜和水果，那么它们不可以用来洗手吗？很多人在厨房洗手的时候不知不觉地就会拿起厨房用洗涤剂来用，这样没有问题吗？

结论是，最好不要用厨房用洗涤剂来洗手。厨房用洗涤剂分两大类，一类重视对肌肤的保护，另一类则重视去污和除菌的功效，要尽可能地避免使用重视去污和除菌功效的洗涤剂来洗手。

厨房用洗涤剂的主要用途就是去除附着在餐具、食材上的油垢和粒子污垢。并且，还要求在去污之后尽量避免残留。用于洗手的洗涤剂，它在去除手上污垢的同时还会加入能让保护膜留在皮肤上的成分。皮肤上被一层称作皮脂膜的油性保护膜覆盖，洗涤剂会把这层保护膜去除。用于清洁皮肤用的洗涤剂在把这层保护膜去掉之后，还会做一些补充工作。

使用厨房用洗涤剂洗手，保护皮肤的皮脂膜就会被去除，让手部皮肤丧失油性。所以应尽量避免用厨房用洗涤剂频繁地洗手。在饭店工作的使用洗涤剂清洗餐具的工作人员，他们的手部皮肤就很容易干燥。对于失去了皮脂膜的皮肤来说，洗涤剂是一种刺激性物质。对于肌肤来说，失去表面油分是一种危险的状态。

厨房用洗涤剂中也有质地温和的产品，它是由对皮肤刺激性小的成分制成的。将它适度地稀释后再使用就不会给肌肤带来那么大的危害了。不过，与清洁身体用的洗涤剂相比，厨房用洗涤剂比较浓稠，特别

啊！那可不行！

厨房用洗涤剂

 洗手用的洗涤剂　　 厨房用洗涤剂

洗手

重视温和性

厨房

重视洗净力

是浓缩型的厨房用洗涤剂。

在用厨房用洗涤剂洗手的时候，大多数人都是直接将洗涤剂原液倒在手上，然后搓出泡沫而实际上这种做法非常不可取，洗涤剂中界面活性剂的浓度对皮肤来说太高了。特别是浓缩型的合成洗涤剂，它的浓度相当高，如果用它们频繁地洗手，手部皮肤就容易变粗糙。

鉴于以上的问题，还是建议大家不要用厨房用洗涤剂来洗手。如果用厨房用洗涤剂洗手的话也要选择质地温和的。但是，直接将洗涤剂倒在手上，即使在手湿了的部位滴一滴洗涤液并搓出泡沫，浓度依然是过高的。

厨房用洗涤剂不能用来洗手吗？

除菌洗涤剂有效果吗？

　　厨房用洗涤剂系列中，宣传有除菌作用的产品越来越多。主要就是以去除海绵上的细菌为目的，其中有的洗涤剂还介绍了把洗涤剂涂在菜板上除菌的方法。那么，这些厨房用洗涤剂真的具有除菌效果吗？

　　在厨房工具中比较应该留意的就是海绵、抹布、菜板等的卫生。因为稍不留意，这些东西上就会滋生细菌，变得很不卫生。很早以前抹布和菜板就颇受关注，应用漂白剂的除菌处理经常被介绍宣传，但是海绵却未曾引起人们的关注。实际上，厨房里的海绵如果不多加留意，很容易变得不卫生，有时候还会散发异味。

　　异味产生是细菌大量繁殖的证据，对人们来说，这决不是一个好状况。我们身体的内部、外部、食品还有空气中都生存着细菌，所以没有必要把细菌想象得那么恐怖。但是，当抹布、室内晾干的衣物上散发出了异味的时候，表示细菌的数量已经超过了允许的范围。当厨房用的海绵不卫生、散发出异味时，我们就应该避免使用它来清洗餐具。

　　为此，人们开发出了专门用来为海绵除菌的洗涤剂。通常的厨房用洗涤剂在洗餐具的时候都是要准备好洗涤液，把餐具放在洗桶中洗，或是把洗涤剂蘸在海绵上搓出泡沫洗，而宣传有除菌作用的厨房用洗涤剂的洗涤顺序是：餐具洗干净后在海绵上蘸好洗涤液，然后轻轻攥海绵，让洗涤液浸满整个海绵，这样就可以抑制细菌的繁殖了。随着对有除菌作用的成分以及有除菌效果的界面活性剂的配合比例进行研究，有除菌效果的洗涤剂产品被开发制造出来了。

洗完后在海绵上蘸上洗涤剂

擦海绵

捏

捏

就那样放置好

（抑制细菌繁殖）

接着用来擦洗东西

那么，这些洗涤剂真的具有除菌效果吗？实际上，我们未必能说那些标有具备除菌作用的厨房用洗涤剂具有更高的除菌功效。这是因为，通常洗涤剂自身就具有去除细菌的功效，有的洗涤剂即使没有标识，但自身仍然具有很强的除菌效果。有除菌作用的洗涤剂和没有除菌作用的洗涤剂之间不存在一个明确的界限。

　　除菌用厨房洗涤剂在厨房卫生方面发挥着一定的功效，不过还有其他一些除菌方法，比如说使用漂白剂的处理方法、使用酒精类的专用除菌剂等。防止恶臭产生，保持环境卫生，这样才会让人有一个好心情。

除菌洗涤剂有效果吗？

普通的厨房用洗涤剂与洗碗机用洗涤剂有哪些不同？

近来，洗碗机在日常家庭中普及起来。作为家庭用商品，它也被称作餐具清洗干燥机。把脏了的餐具放在里面，插上电源，洗碗机就会自动地完成用洗涤剂洗涤、冲洗乃至干燥的整个过程。那么，用于洗碗机的洗涤剂和普通的厨房用洗涤剂有哪些不同呢？

实际上，用于洗碗机的洗涤剂与一般的厨房用洗涤剂相比，在成分和性质上存在着很大的差别。一般的厨房用洗涤剂不能代替洗碗机用洗涤剂来使用，两者最大的区别就是泡沫性质方面的问题。一般的厨房用洗涤剂在清洗餐具的时候会用海绵搓出泡沫，要求洗涤剂要容易起泡，这些泡沫还要具有稳定性。因此，把界面活性剂作为了主要成分。因为界面活性剂具有吸附在水和空气的交界面，并能提高气泡程度的性质。而且厨房用洗涤剂中还含有提高水的黏性、强化泡沫的成分，确保良好的泡沫是厨房用洗涤剂应该具有的最重要的性质。

但是用于洗碗机的洗涤剂如果泡沫丰富反而会带来很多麻烦。洗碗机在洗餐具的时候是把洗涤液喷洒在餐具上，然后再利用水流冲洗干净。这种情况下，如果泡沫特别容易产生，洗碗机内就会充满泡泡，还有可能会向外部溢出。此外，泡沫还会妨碍洗碗机喷洒洗涤剂。洗碗机的工作原理就是水泵抽起蓄积在下部的液体，然后呈雾状喷洒在餐具上，如果泡沫进入水泵中就会损伤水泵。对于洗碗机来说，泡沫是有百害而无一利的。

因此，洗碗机用的洗涤剂中不含界面活性剂。大多是以碱和漂白剂

105

为主要成分的。通过碳酸钠和硅酸钠等碱剂来保持洗涤液的碱性，用氧漂剂的氧化作用来溶解、膨胀润化、剥落污垢，最后通过强力的喷雾把污垢喷落。对于蛋白质污垢，可以凭借碱和漂白剂的力量轻易去除，油垢用温水喷冲比较容易掉落，而米饭粒造成的污垢长时间与温水接触很容易就会去掉。

很多的洗碗机用洗涤剂中加入了酶。因为要长时间与洗涤剂接触，酶很容易发挥出自身的功效。洗涤剂中会加入分解淀粉的淀粉酶、分解蛋白质的蛋白酶、分解油脂的脂酶。有的也会加入界面活性剂，但是只是加入少量的不会起泡沫的界面活性剂，界面活性剂的作用就是让餐具上的污垢更容易被湿润。

饭店会备有专用的洗碗机。家庭用的餐具清洗干燥机运转一个周期的时间大概是1个小时，而饭店专用的洗碗机运转一个周期的时间却只有短短的几分钟。这就需要在高温下使用强力的洗涤液，并用强水压冲洗干净。这种洗碗机使用的洗涤剂大多是以碱和氯漂剂为主要成分的，这与家庭用洗涤剂的成分有着很大的不同。

综上所述，虽然都是用来洗一样的餐具，但是家庭用的厨房用洗涤剂、家庭用的洗碗机用洗涤剂和饭店专用的洗碗机用洗涤剂，这三种洗涤剂的成分实际上存在着很大的差别。

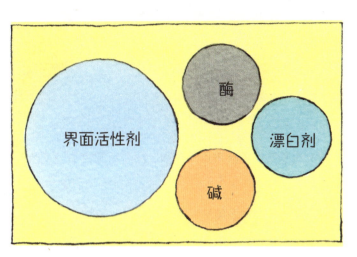

手洗餐具时用的厨房用洗涤剂

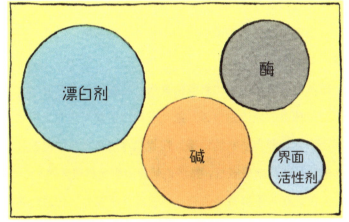

洗碗机用洗涤剂

普通的厨房用洗涤剂与洗碗机用洗涤剂有哪些不同？

成分的配比存在着很大的差别呀！

家用漂白剂含有什么成分呢?

家用漂白剂包括厨房用漂白剂、厕所用漂白剂以及除霉剂等。那么这些漂白剂有哪些不同点呢?

厨房用漂白剂分液体状和粉末状两种。液体状漂白剂叫氯漂剂,粉末状漂白剂叫氧漂剂。氯漂剂的主要成分是次亚氯酸钠、粉末状的漂白剂的主要成分是过碳酸钠。两种漂白剂都是通过氧化反应来分解有机物的,可以去除附着在茶碗和陶制小茶壶上的茶垢、三角形角落里的黏液和抹布上的杂菌。

氯漂剂的氧化作用比氧漂剂要强。特别是氯漂剂有一大特征,那就是它对杂菌类的攻击力很强。氯气抑制细菌繁殖的能力很强,所以也会被用于游泳池和自来水的消毒。在我们身边最容易取得的具有抑制细菌效果的化学物质就是氯气,氯漂剂就是由氯气制造成的。

虽然氧漂剂不具备氯漂剂那样强的分解能力,但对付茶垢和普通的细菌还是可以的。如果想寻求更强的除菌效果,还是选择氯漂剂为好。氯漂剂除霉的功效也很不错,特别是在分解色素方面,氯漂剂的功效会更胜一等。

氯漂剂是液态的,虽然可以与水溶合,但是随着时间的推移会较快失去氧化能力。粉末状漂白剂成分中的过碳酸钠如果放在暗处保存,功效就不太会降低。不过,不论粉末的状态多么稳定,如果与其他的物质混合在一起保存,功效依然会降低。另外,保存漂白剂的时候要避免遮盖保存,也不能置于阳光直射的地方。

厨房用漂白剂

厕所用洗涤剂和去霉剂

厕所用漂白剂和去霉剂也属于家居用漂白剂。厕所用的漂白剂使用的是氯漂剂。因为厕所里的污垢都是附着在上面的顽固性污垢，所以把分解污垢能力强的氯漂剂作为了主要成分。此外，厕所用的漂白剂是喷在污垢上，会通过黏性把污垢粘住。这一点和厨房用漂白剂差别是比较大的。

　　用于给浴缸除霉的去霉剂主要成分也是氯漂剂。因为氯漂剂分解霉的能力也非常的强。在生有霉的墙面上喷上泡沫状的漂白剂，在与墙壁上的霉溶合之后漂白剂就会把霉分解了。为此去霉剂中会加入有助于起泡的界面活性剂和能带来黏性的药剂。

　　漂白剂是分解有机物的危险物质，所以不要让它接触到皮肤上，如果碰到了皮肤上一定要立即用水冲洗掉。特别是在使用漂白力强的氯漂剂时一定要多加注意。最好戴上橡胶手套、防护眼镜后再行动。去霉剂和厕所用漂白剂等，是属于不用水稀释直接从瓶子中喷出的液体状漂白剂，要注意喷洒时不要把这些雾状的漂白剂吸进体内。利用漂白剂的关键点就是要注意安全。

什么洗涤剂不能和漂白剂混合使用？

　　漂白剂是一种容易发生反应的物质。因此，在使用的时候需要注意的事项很多，其中必须要注意的一点就是和某些药品混合使用会引发危险。下面，我们来介绍一下不能和漂白剂混合使用的洗涤剂。

　　在漂白剂中尤其要注意不能和其他药品混合使用的就是以次亚氯酸钠为主要成分的氯漂剂。氯漂剂的容器瓶上会标有"混合危险"的标记。实际上，过去曾经发生过因把氯漂剂和其他洗涤剂混合在一起使用而引发的死亡事故，让人们认识到了漂白剂和其他洗涤剂混合在一起使用会带来危险。

　　引发那场事故的原因就是把以氯漂剂为主要成分的厕所洗涤剂和以盐酸为主要成分的酸性厕所洗涤剂混在一起使用。厕所里的污垢大致被区分为排泄物中的有机污垢和水垢等无机污垢。在去除有机污垢的时候，使用能通过氧化反应分解有机污垢的氯漂剂比较有效。去除无机污垢，使用以盐酸为主要成分的酸性洗涤剂比较有效。为此，就有了氯漂剂和盐酸性的洗涤剂这两种类型的洗涤剂。

　　氯漂剂和盐酸型的酸性洗涤剂分开来使用是没有问题的，但是如果把两者混合在一起，同时使用就会引发很大的问题。氯漂剂和强酸混合在一起，氯漂剂中的氯就会发生反应产生氯气。氯气是一种曾经被用作化学武器的有毒物质。氯漂剂和盐酸型洗涤剂只不过是普通的家庭用品。但人们却怎么也想不到把这些使用起来没有问题的用品混合在一起后，竟然会产生有毒的氯气。此外，由于是厕所洗涤剂，而厕所等房间

盐酸型漂白剂和氯漂剂都会有"不要混合使用，危险！"的标志！

里产生氯气，由于空间狭小，氯气的浓度会迅速升高，从而带来危险。

现在使用氯漂剂一定要强调如果混合使用会产生有害物质这一点。所以，在氯漂剂和酸性洗涤剂上会有"不要混合使用，危险！"的标志。

如上所述，绝对不能和漂白剂混合使用的洗涤剂基本上就是指不能在氯漂剂中混入强酸型的洗涤剂，并不意味着绝对不可以与其他的洗涤剂混合使用。有的厂家会向我们介绍把氯漂剂和洗涤用合成洗涤剂混合在一起的使用方法，不过如果没有相关的准确信息，我们是无法正确配比使用的。

洗涤剂中大都会含有蛋白质分解酶、油脂分解酶等，不过由于氯漂剂的反应活跃，很有可能会破坏这些酶。有时候，洗涤剂的荧光增白剂和香料等添加成分也会被氯漂剂破坏掉。氯漂剂和氧漂剂混合会使双方都失去功效。基本上说，氯漂剂是不适合和其他洗涤剂混合在一起使用的。污渍严重的时候，比较明智的做法就是先用洗涤剂将大部分的污垢洗掉，然后再用漂白剂处理。

不能混合在一起

○ 氯漂剂　△ 酶　◻ 荧光剂　◺ 氧漂剂

氯漂剂不能和其他的洗涤剂混在一起使用，这是铁的规则！

炉灶和换气扇上的顽固污垢用什么去除好呢？

　　打扫房间的时候，粘在厨房的炉灶和换气扇上的污垢是最顽固的。对于这些污垢用什么方法去除比较好呢？下面将为大家介绍附着在炉灶和换气扇上的污垢的成分以及去除它们的方法。

　　炉灶上的污垢主要是油垢和锅里煮东西时溢出的污垢，而换气扇上的污垢则是油垢和灰尘混合在一起形成的。其中，油垢经过一段时间后会形成膜状，变成很难去除的污垢。这是因为油分子被氧化后它们之间相互结合在一起作为整体被固定起来。这与黏着剂的变化非常相似，黏着剂在最开始的时候是黏糊糊的，放置一段时间后就会发生化学变化固定起来。如果是油性污垢，这个化学反应过程会持续十天到几个月。经常扫除，油垢去除会很容易，但时间一长就越来越不好处理了。炉灶和换气扇的去污关键就在于怎样处理这些顽固的污垢。

　　去除顽固污渍有两种方法：第一种是利用化学反应的方法，第二种是利用机械作用的方法。化学反应一般来说利用的是强碱的分解作用。强碱与油脂发生反应后会把油脂变成肥皂。这是一种油脂和碱发生反应生成肥皂和甘油的化学反应，工业上制造肥皂时利用的就是这种反应。因为油垢变成了肥皂，很容易就会被除掉。能引起这种强力反应的家庭用洗涤剂中就有家居用洗涤剂。它们的碱性高，能进行皂化反应。把纸巾放在脏污的部分，倒上强力洗涤剂，待洗涤剂浸透纸巾，就能像湿布一样来使用了。对于能够喷洒出泡沫的洗涤剂，我们可以让喷出的泡沫附着在污垢上，这样也可以用来代替湿布法。在用湿布法去污的时候，

家居用的强力洗涤剂

用于去除粘附在换气扇和炉灶上污垢的洗涤剂。主要成分是碱和界面活性剂。

各种清洁剂

是去除顽固污渍的能手！！

可以在再上面盖一层保鲜膜，然后用吹风机吹热，促进反应快速进行。

　　如果运用上述的处理方法，日常的油垢用纸巾就能轻易地去除干净了。油垢之外的蛋白质污垢用强碱就能溶解，所以去除的时候不用很费力气。在用碱处理完污垢后，用水再冲洗一遍，或是用湿布再擦拭一遍，可以把残留的碱清除干净。强碱是肌肤的大敌，所以在清理的时候要戴上橡胶手套。洗涤剂进入眼睛后有可能导致失明，所以最好戴上防护眼镜。

　　这些油垢也可以通过研磨作用来去除。变成固体状的油污并没有那么硬，所以用市场上出售的清洁剂可以很容易地就把污垢擦掉。污垢中油分较多的情况下把膏状清洁剂和小苏打混合在液体洗涤剂中做成糊状，比较有效。对付强力的顽固污垢，首先用碱性的强力洗涤剂处理一遍，剩下的污垢再用清洁剂处理，这样能得到比较完美的去污效果。

　　此外，大家也可以自己下工夫尝试着去寻找一些新的研磨材料。有的人就用磨碎的蛋壳粉来擦拭污垢。试着去找一些比洗涤物柔软而比污垢硬的材料吧，也许您能获得很多新的发现。

是利用化学反应来去污呢？还是利用研磨颗粒？

污垢的面积大，时间充裕的时候。

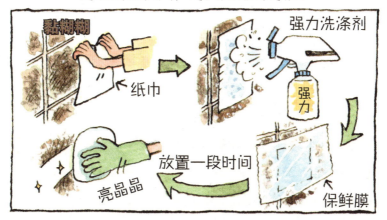

污垢面积小，想在短时间内扫除干净的时候。

浴室、厕所中的污垢用什么去除比较好呢？

浴室和厕所是比较容易脏的场所，所以一定要频繁地清扫。浴室中的污垢是肥皂屑污垢、皮脂污垢、水垢、霉垢等。厕所中的污垢就是水垢和排泄物污垢。每种污垢都有自己的特征，这里将介绍针对不同污垢的清洁方法。

首先是肥皂屑污垢。用打过肥皂的毛巾擦洗身体，之后把毛巾放在洗脸盆中冲涮，漂浮在水面上的东西就是肥皂屑污垢。洗脸盆以及浴室的椅子上面经常会附着肥皂屑污垢。肥皂与钙离子和镁离子结合后就会形成金属肥皂，从皮肤上掉落的表皮角质层和油分等与它混合在一起就形成了肥皂屑污垢。金属肥皂是各种污垢的集合体，起着让污垢附着在地板和浴槽等上面的作用。

要想去除这些肥皂屑污垢，就要从金属肥皂中夺取钙和镁。钙和镁被夺走后，金属肥皂就会变成肥皂，或是一种叫做脂肪酸的油性成分。虽说脂肪酸也是油的一种，但相对而言，去除它还是比较容易的。把金属肥皂变成肥皂需要使用一种叫做螯合剂的化学物质。把钙和镁夺走后，它会补充钠和钾，金属肥皂变成肥皂后，只需用水一冲它们就能掉落。此外，把酸作用在金属肥皂上，金属肥皂就会变成脂肪酸。酸性的浴室用洗涤剂就具有这样的功效。

浴室中，人在洗澡时分泌出来的皮脂污垢很难处理。其实皮脂污垢用通常的洗涤剂就能去除，不过被浴缸中的洗澡水温暖后的皮脂污垢会蒸发，一旦这些皮脂污垢像一层膜似的附着在墙壁和天花板上，处理起

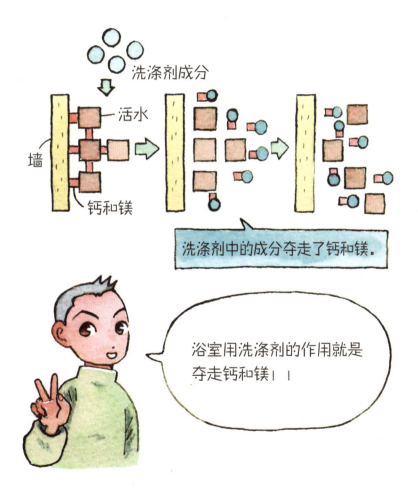

洗涤剂成分

墙

活水

钙和镁

洗涤剂中的成分夺走了钙和镁。

浴室用洗涤剂的作用就是夺走钙和镁！！

来就会变得很棘手。因为这些污垢会成为霉菌生长的营养素。所以最好一年一次给浴室的墙壁和天花板做彻底的扫除。

在用水的地方，蓄积了溶进自来水中的无机盐，会形成明显的水垢。去除水垢的方法与去除肥皂屑污垢基本相同，使用加入了螯合剂的洗涤剂或是酸性的洗涤剂都能把它们清理干净。

对付霉垢使用的是以氯漂剂为主要成分的去霉剂。不过，去霉剂容易给地板和墙壁带来损伤，最好的方法还是事先在浴室中做一些预防湿气的措施，抑制霉菌滋生。由于湿气、温度和营养素是霉生长的三大要素，所以经常给浴室通风换气可以有效预防湿气产生。使用去霉剂时不要忘记带上橡胶手套和防护面具，因为去霉剂中的主要成分——氯漂剂是一种很危险的物质。

厕所中排泄物的污垢大多含有有机物的成分，对付这种污垢，使用以氯漂剂为主体的洗涤剂比较有效。先在污垢处喷上一层洗涤剂，放置一段时间后用刷子刷，并用水冲洗干净。去除水垢时使用的是其他的洗涤剂，但绝对不能把去除水垢用的洗涤剂和去除有机物的洗涤剂混在一起使用。要有意识地将去除有机物的操作和去除无机物的操作区分开来对待，这样才能做到灵活、有效、安全地去污。

厕所清洁用洗涤剂

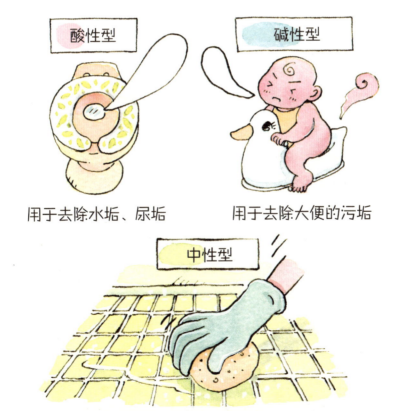

酸性型

用于去除水垢、尿垢

碱性型

用于去除大便的污垢

中性型

安全性高，对付轻微的污垢有效

123

让玻璃和镜子变干净、明亮的方法有哪些？

看着干净、明亮的玻璃和镜子，我们的心情也会像它们一样敞亮。有什么窍门能让玻璃和镜子保持洁净呢？这里我们将为大家介绍玻璃、镜子模糊不清的原因以及预防这种情况产生的办法。

造成玻璃、镜子模糊不清的原因有两个。一是水洗造成的模糊不清，二是浴室中的水汽或是空气中的水分所造成的模糊不清。用水洗镜子后，镜子变模糊的原因是溶解在水中的物质随着水分的蒸发而出现在镜子表面。特别是那些硬度高的水，里面渗出的钙盐和镁盐能模糊玻璃和镜子。我们在清理实验器具，如烧杯和显微镜载片的时候也会发现这种现象。在自来水洗过放置干燥的玻璃表面会残留有发白的模糊物。不过，再用蒸馏水冲洗一遍后，玻璃会变得非常透明。

欧洲的水硬度很高，用自来水冲洗反而会让玻璃餐具等看起来更显脏，所以那里的人养成了这样的习惯——用洗涤液洗完的餐具不用自来水冲洗，而是直接摆放在洗涤桶中待其干燥。用洗涤液清洗餐具，水的表面张力会变小，餐具表面形成的薄膜会促使水分向下流动从而致使水滴难以滞留在玻璃表面，这样一来玻璃上就不会形成污渍了。擦窗户玻璃的时候非常重要的一点就是用湿抹布擦过之后要立即用干布把残留在上面的水分处理掉。如果对这些水分置之不理，玻璃上就容易残留污渍。

空气中的水分让玻璃和镜子模糊都是由结露现象造成的。结露指的是空气中的水蒸气与冰冷的固体表面接触后形成水滴的现象。附着在固

仔细擦拭附着在玻璃上的水滴是预防玻璃模糊的第一步！

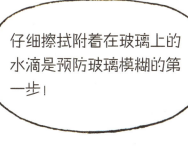

🔵 盐类（钙、镁）

🔵 水分子

玻璃

▶ 自来水中溶有盐类物质

▶ 水分蒸发

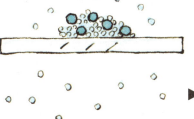

▶ 水分蒸发，盐类留下

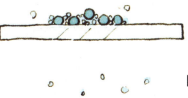

▶ 干燥后只剩下盐类，这是造成玻璃模糊的原因。

体表面的那层细密的水滴，就是我们看到的玻璃和镜子上的模糊物。有两种方法可以抑制这种模糊现象产生。一种方法就是采取措施使水蒸气即使接触到冰冷的玻璃面也难以形成水滴。具体做法就是在玻璃和镜子的表面涂上一层薄薄的洗涤液。玻璃表面的水滴和洗涤剂成分混合后就会变得容易沾湿物体。沾湿力变强就不会形成水滴，而是扩展开，把玻璃表面薄薄地打湿。结果，玻璃和镜子的表面就不会被水蒸气弄得模糊不清了。

让玻璃和镜子不会因水蒸气变模糊的另一个方法就是温暖玻璃和镜子的表面。结露是由于水滴和冰冷的固体表面接触才产生的，如果让物体表面变暖，结露自然就不会产生了。现在市场上正在出售一种能预防镜子变模糊的物品，它被放入化妆间的镜子里面，一旦接通电源，里面的加热器就能烘暖镜子。不过，安装这种设备就必须要更换化妆间里的镜子。

有时候镜子上会因附着上了油分而变模糊。这些油分出现的原因就是我们用手去擦拭镜子上出现模糊的地方时，手上的油附着在了上面。用干净的布去擦拭玻璃上的模糊是个不变的法则。镜子或玻璃上附着有油分时，要么用干净的干布擦拭，要么先在上面喷上洗涤剂之后再用干布仔细擦净。对于附着在镜子和玻璃上的香烟中的烟油子和食用油等油分，用一般的洗涤剂就能去除。不过需要我们注意的是，去污能力强的强力洗涤剂有可能会损伤到窗框上的垫圈部分，最好避免使用。

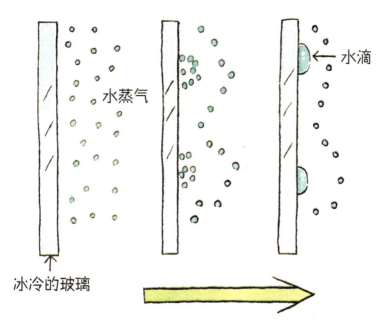

水蒸气

冰冷的玻璃

水滴

▲ 水蒸气遇到冷玻璃后变冷形成
　水滴，附着在玻璃表面。

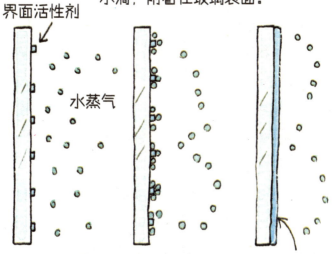

界面活性剂

水蒸气

薄薄的界面活性
剂水溶液的膜

▲ 涂上界面活性剂后不能形成水滴，
　玻璃也不会出现模糊现象了。

127

轻松打扫空调的过滤器、室外的墙壁和混凝土道路的方法有哪些？

用于清洗的机器有很多，我们在这里要介绍的是家庭用的高压清洗机。一般来说，我们不会经常地用到它，在家居购物中心，这种清洗机价格在数万日元左右，掌握它的使用方法会意外地给我们的扫除工作带来不少的帮助。

高压清洗机利用水泵喷出高压水流，通过将高速水流冲击到污垢表面而促使其剥落。一般是在水龙头上接上软管，把自来水放入高压清洗机，然后在高压清洗机上接上喷水的喷嘴。和自来水龙头连接后，必须要确保电源的安全性，虽说高压清洗机安装起来有些麻烦，不过用它来对付棘手的污垢还是非常不错的。

空调过滤器和纱窗等的清扫实际上也可以变得非常简单。像这些网眼结构的东西，往往内部都会落入灰尘，即使用刷子擦洗也很难处理干净。如果能用水将灰尘冲掉肯定会省力不少。我们可以利用向院子里喷水用的淋浴头来把污垢冲掉，不过对于那些稍微有点顽固的污垢来说，淋浴头的力量又稍显不足。如果我们使用了高压清洗机，即使再顽固的污渍也能被水压冲跑。

清洗像空调过滤器、纱窗和蹭鞋垫这样有着纤维一样构造的物品时，使用高压清洗装置比较方便。污垢很难对付的时候，可以先在上面喷上洗涤液，放置一段时间，再用高压水流冲洗掉。

用高压水流去污的方法也可用于室外墙壁和混凝土小路的扫除。原本高压清洗机的出售目的就是用于私家车和农具的清洁，特别是对付那

操作高压清洗机的场景

 →

附着在混凝土上的苔
藓污垢也被冲掉了。

些凹凸不平表面上的污垢特别有效。表面光滑的物体上的污垢用刷子就可以刷掉，但表面有细小凹凸的墙壁和混凝土路上面的脏污仅靠刷子是处理不干净的。用刷子难以刷洗的网眼构造和凹凸不平的表面最好利用高压清洗的办法。

此外，高压清洗对于纤维制品的去污也有着出人意料的功效。被泥弄脏的袜子是一个典型的去污难点，对付这种污垢用高压冲洗的方法就比较有效，给脏袜子涂上肥皂后放在较硬的地面上，然后使用高压水流冲洗，水压越高，去污的能力也越高，专用的高压清洗装置能把袜子上的泥冲得干干净净。不过，过高的水压可能会给袜子带来损伤，使用适度的压力冲洗就足够了。

131

第三章

保护肌肤、头发、环境的清洗方法

好水润啊！

皮肤为什么会变得干燥粗糙?

　　我们经常会发现有的人在用过洗涤用品后皮肤变得非常干燥、粗糙。洗涤用品与皮肤状态有着紧密的联系。下面就让我们来看一下洗涤用品是如何让我们的皮肤变粗糙的。

　　皮肤干燥是怎样的一种状态呢?表现皮肤干燥状态的最恰当的词语就是"干巴巴"。皮肤干巴巴是肌肤干燥的基本状态,与之相反的就是"水润"。那么,是什么造成了"干巴巴"和"水润"这两种截然不同的肌肤状态呢?答案就是肌肤中所含水分的多少。水分少肌肤就会变得干燥、粗糙。预防肌肤干燥最重要的一点就是让肌肤中保有充足的水分。

　　肌肤内能保有水分是由三大作用共同完成的:①存在于肌肤细胞(表皮角质细胞)中一种被称作天然保湿因子的天然保湿成分让肌肤保持水分。②在细胞与细胞之间有一层称作细胞间脂质的膜,这层膜能锁住水分。③皮肤的表面被一层叫做皮脂膜的油性膜覆盖着,它可以防止水分的蒸发,防止保湿成分溶解在水中。

　　其中,皮脂膜的作用尤为重要。皮脂膜是身体中的脂肪成分和汗液成分混合在一起形成的,它可以通过阻止水分的蒸发来防止保湿成分的流失,同时还可以缓和外部带来的化学刺激。此外,皮脂膜中含有大量的脂肪酸,脂肪酸是酸性物质,所以它可以让皮肤表面保持弱酸性。弱酸条件下细菌的繁殖能得到抑制,这样皮肤表面就可以免受细菌的侵袭了。由此,我们可以得知,覆盖在皮肤上的皮脂膜是有益于健康的。

肌肤的水分

干巴巴

水润

皮脂膜

干燥粗糙

健康的肌肤

对于皮肤来说，它自身的保水能力是非常重要的！！

不过皮脂膜也是污垢的成分。举例来说，附着在衣服上的代表性污垢就是皮脂污垢。不能把皮脂污垢去除的洗涤剂就不能说是合格的洗涤用洗涤剂。厨房用洗涤剂和其他种类的洗涤剂也是一样的道理，如果不能去除油污，它们也就失去了作为洗涤剂的意义。反过来说，如果它们的去污功效良好，也就意味着它们能很轻易地就把皮脂污垢清除干净。不过，一旦用洗涤剂将皮脂膜除去，皮肤就失去了一道重要的防线。

　　洗涤剂类用品不仅能除去皮脂膜，还能溶解具有锁水功能的天然保湿因子和细胞间脂质。这些成分与一般污垢中的蛋白质污垢成分很相似，通常的洗涤剂都要求能够溶解并去除这些污垢。

　　去除皮脂膜、夺走保湿成分，这些是使用洗涤剂的必然结果。我们必须要明白的就是洗涤剂从本质上来说是一种伤害皮肤的用品。不过，从相反的角度来看，对皮肤温和的洗涤剂，其去污能力也是非常弱的。

　　与一般的洗涤剂相比，家居用强力洗涤剂的去污能力是最强的，但也最容易伤害到皮肤，排在第二位的是家居用的一般洗涤剂、弱碱性洗涤用合成洗涤剂和肥皂。排在第三位的是中性的洗涤用洗涤剂和中性、弱酸性的厨房用洗涤剂。洗发香波和直接用在皮肤上的沐浴露等是去污能力最弱、给肌肤造成的伤害最小的洗涤剂类用品。遗憾的是目前还不存在去污能力强却又不会伤害肌肤的洗涤剂。

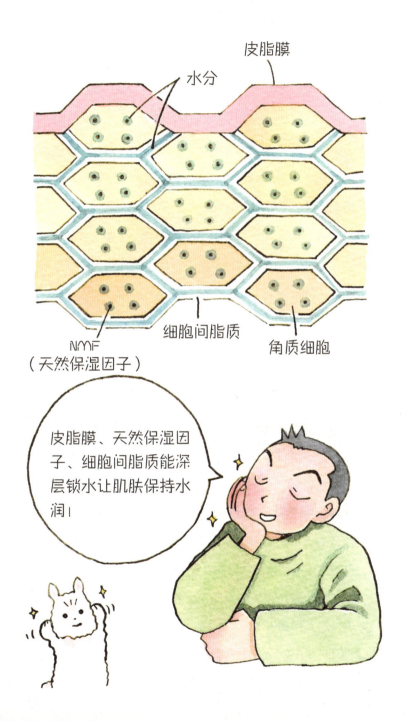

皮脂膜

水分

NMF
（天然保湿因子）

细胞间脂质

角质细胞

皮脂膜、天然保湿因子、细胞间脂质能深层锁水让肌肤保持水润！

什么样的洗涤用品能够保护肌肤？

洗涤剂类用品基本上都会给我们的肌肤带来伤害。即使这样，洗涤剂还是被分成了对皮肤温和的与有伤害的两大类。那么对我们的肌肤温和的洗涤剂类具有怎样的特征呢？

首先要说的就是"对肌肤温和"，它所指的是在洗涤用洗涤剂、厨房用洗涤剂和洗发香波等这些具有专门用途的洗涤用品中对肌肤较为温和的意思。比如说温和型的厨房用洗涤剂，虽说它在洗涤剂中属于对肌肤伤害较小的那一类，但是依然没有清洁皮肤用的洗涤用品和洗发香波对肌肤的刺激小。重视去污能力的洗涤剂都对肌肤有较大的伤害，所以与那些清洁皮肤用的洗涤用品相比，去污能力较强的厨房用洗涤剂即使属于温和的类型，也还是容易伤害到肌肤。

功能相同的洗涤剂类用品之间也存在差异，比如说厨房用洗涤剂就使用了刺激性小的界面活性剂。用于洗涤剂中的界面活性剂对肌肤刺激较大的有SDS和AS。SDS是一种被称作十二烷基磺酸钠的界面活性剂，AS是一种被称作烷基硫酸酯钠的界面活性剂。SDS具有卓越的清洁能力，所以常被用于洗涤用合成洗涤剂中，但是加入比例要比以前少了。以前，SDS被用于厨房用洗涤剂中，最近我们都看不到它的身影了。AS以前大多被用于厨房用洗涤剂和洗发香波中，现在不怎么用于与皮肤接触较多的洗涤剂用品中了。

替代SDS和AS，逐渐被用于厨房用洗涤剂和洗发香波中的界面活性剂是AES。用于厨房用洗涤剂中的AES被表示成脂肪酵氧乙烯醚硫酸盐

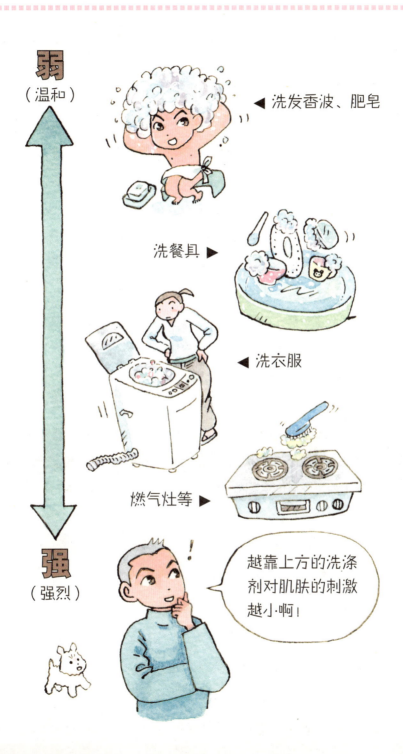

弱
(温和)

◀ 洗发香波、肥皂

洗餐具 ▶

◀ 洗衣服

燃气灶等 ▶

强
(强烈)

越靠上方的洗涤剂对肌肤的刺激越小·啊!

或是脂肪酵氧乙烯醚硫酸，用于洗发香波等化妆品中时则表示成十二烷基硫酸钠。虽然在厨房用洗涤剂和洗发香波中被表示成了不同的物质，实际上，它们基本上就是相同的成分。因为AES对皮肤的刺激较小，去污能力也很不错，所以它经常被应用于与肌肤接触的洗涤剂用品中。

在厨房用洗涤剂和洗发香波中我们经常会看到AES和非离子界面活性剂配合在一起使用。因为非离子界面活性剂没有离子性，与蛋白质结合的程度小，也不易对皮肤造成伤害。在非离子界面活性剂中，厨房用洗涤剂会经常使用重视清洁力的界面活性剂，而洗发香波则会常用重视对肌肤温和的界面活性剂。

此外，在厨房用洗涤剂中除了具有去污功效的成分外，基本上不含其他的成分了，而在皮肤清洁用品和洗发香波类的用品中经常还会含有一些去污后能在皮肤表面形成一层皮膜的成分。那是一种代替被夺走的皮脂膜发挥预防肌肤干燥、粗糙作用的。

清洁皮肤用的洗涤剂是以肥皂成分为主体的，并且经常还会添加一些洗后能让皮肤保持水润的成分。肥皂之外的一些皮肤清洁洗涤用品中，作为主要成分的界面活性剂是比皮肤还要温和的类型。像这些与皮肤接触多的洗涤剂也要采取一些措施来预防洗后肌肤变得干燥、粗糙。

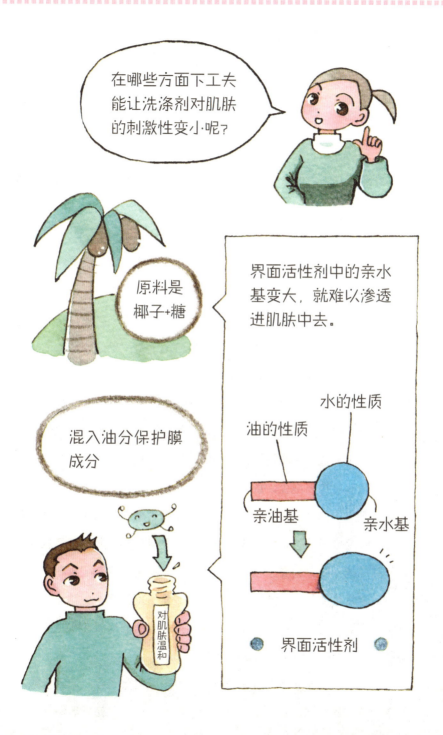

在哪些方面下工夫能让洗涤剂对肌肤的刺激性变小·呢？

原料是椰子+糖

界面活性剂中的亲水基变大，就难以渗透进肌肤中去。

混入油分保护膜成分

对肌肤温和

水的性质

油的性质

亲油基

亲水基

● 界面活性剂 ●

141

清洁皮肤和洗衣服用的肥皂有什么不同？

　　肥皂因其去污能力可以用在很多地方，市场上出售的肥皂也是多种多样，有洗涤用肥皂、厨房用肥皂、沐浴香皂、洗脸皂、肥皂香波等等。那么，它们有什么不同之处吗？

　　这些肥皂的不同之处就在于它们各自的纯度。提高肥皂纯度的操作很费工夫，制造成本也较高。肥皂是让油脂和碱发生反应后制造而成的，在制造过程中会残留下未反应的油脂，并生成一种叫做甘油的不纯物质。未反应的油脂和生成的甘油会徒劳地消费肥皂成分，降低其去污能力。所以把未反应的油脂和甘油除去，提高肥皂的纯度，就能提高它的清洁能力。

　　人们会去除大多数的肥皂中未反应的油脂和甘油来提高它的纯度，不过，还是分成了两种情况，一种是适度提高纯度，重视清洁能力；另一种就是极度提高纯度，重视对肌肤的伤害度。两种情况的不同点就是残留在肥皂中的碱的强度。肥皂与脂肪酸有着相似的构造，肥皂在酸性条件下会变成脂肪酸，脂肪酸在碱性条件下会变成肥皂。肥皂被水溶解后，其中的一部分会变成脂肪酸。碱性不同的条件下，肥皂和脂肪酸的比率也会发生变化。制造肥皂时留下的碱量适度的话，脂肪酸的生成被抑制，肥皂所占比率就大；留下的碱量少，当肥皂溶解在水中的时候就容易生成脂肪酸，脂肪酸所占比率就大。

　　当我们把肥皂揉搓出泡沫的时候，许多肥皂分子会与空气接触。空气中含有二氧化碳，它会使肥皂倾向于酸性。所以，在肥皂泡泡的膜中

大多数的肥皂都变成了脂肪酸。于是，肥皂的碱性进一步降低，对肌肤的刺激变得更小。混入了脂肪酸后，泡泡产生黏性，变得轻飘飘，这就是碱性低的肥皂的特征。

如上所述，肥皂的纯度，特别是性质会因碱的残留度而发生很大的变化。洗涤用肥皂因为重视去污能力，所以在一定程度上要求里面要有碱。接触肌肤的沐浴用肥皂、洗脸皂、肥皂、洗发香波以及厨房用肥皂等里面经常会加入一些用于减少碱残留度的物质。洗涤用肥皂里面的碱如果只是制造时的残留量，那么是不足以保持碱度的，一般情况下还要使用一些配合了碳酸钠的物质。

肥皂中含有微量的氢氧化钠和氢氧化钾等非常强的碱性成分，所以会有碱性。碳酸钠带有弱碱性。即使把它混入含有强碱成分的肥皂里，碱的强度也不会有很大改变。相反地，在肥皂中碱残留量较多的情况下，添加碳酸钠后有时也会减弱碱的强度。碳酸钠的碱性虽然弱，却很有持久力。在洗涤的时候，洗涤剂的碱性容易变弱，但是如果里面含有碳酸钠，洗涤液就能保持适度的碱性。

洗涤用的肥皂重视清洁能力，与肌肤接触的肥皂重视对肌肤的温和度和起泡度。

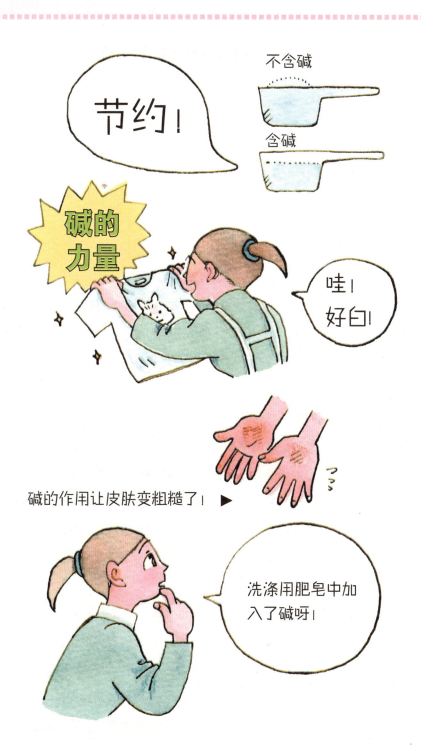

肥皂、沐浴皂和沐浴香波有什么不同?

　　用来清洁身体的洗涤剂用品有肥皂、沐浴皂和沐浴香波等。它们之间有哪些不同呢?

　　肥皂的原料是与炸东西用的油、色拉油和牛油等相同的油脂。这些油脂要与氢氧化钠和氢氧化钾等强碱发生化学反应后才能产生,生成后各自的化学名字分别是脂肪酸钠和脂肪酸钾。脂肪酸钠在常温下是固体,脂肪酸钾是液体。所以,固体的沐浴皂和洗脸皂等一般都是以脂肪酸钠为主要成分的。而液态的洗手皂和厨房用液体肥皂则是以脂肪酸钾为主要成分。

　　肥皂是以脂肪酸钠或是脂肪酸钾为主要原料,并添加稳定剂和香料后制作而成的。其中,有的产品以不含肥皂以外的成分作为它的卖点,不过,不含稳定剂的肥皂在稳定性方面会稍微有点问题。这样的肥皂要放在阴凉干燥处保存,购买之后要尽快地用完,所以购买这样的肥皂一定要注意它的生产日期。特别是液体肥皂,其性质恶化显著,对于这样不含肥皂成分以外的液体肥皂在使用时候要注意是否即将过期,同时还必须保证不让杂菌进入容器。

　　沐浴皂指的是以一般的肥皂成分为主体,并添加了其他界面活性剂、湿润剂和稳定剂等的液态用品。把肥皂以外的界面活性剂当做主要成分使用的液体清洁用品被称作"沐浴香波"或是"沐浴露"等。

　　洗发香波很少以肥皂为主要成分,清洁身体用的产品中,与沐浴香波和沐浴露比起来,以肥皂为主要成分的沐浴皂更多见。我们在洗澡的

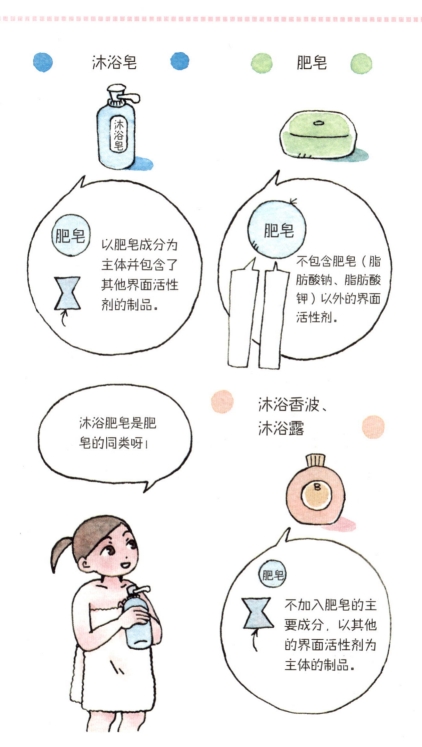

沐浴皂

肥皂

肥皂

以肥皂成分为主体并包含了其他界面活性剂的制品。

肥皂

不包含肥皂（脂肪酸钠、脂肪酸钾）以外的界面活性剂。

沐浴肥皂是肥皂的同类呀！

沐浴香波、沐浴露

肥皂

不加入肥皂的主要成分，以其他的界面活性剂为主体的制品。

时候，肥皂中的碱不会给肌肤带来很大的损伤。洗头发的时候，碱所造成的头发膨胀会造成头发开叉等伤害，所以，洗发香波中肥皂制品所占的比例要小得多。

作为肥皂以外的界面活性剂，用得较多的是对皮肤的影响较小的。在形成表皮角质层的细胞间存在细胞间脂质，很多水分被锁在这层脂质中，界面活性剂的构造和脂质非常相似，它的功效就是用来减少细胞间脂质。此外，还有扩大亲水基、减少给肌肤带来刺激的界面活性剂，在亲水基里加入氨基酸，来稳定的界面活性剂。还有一种就是让亲水基与糖分连接，去掉它容易与皮肤蛋白质结合的离子性的界面活性剂。

以上的界面活性剂经过了去污能力和从皮肤内部溶出保湿成分能力的对比实验，它们都是在这个对比实验中脱颖而出的既不伤害皮肤，去污能力又高的界面活性剂。这些肥皂以外的界面活性剂主要使用在沐浴香波和沐浴露中。

另外，人们一般都会对洁面用的洗涤用品做些调整，以防过度地去除脸部油脂，同时也会在去除污垢后，在肌肤上形成一层保护膜。

卸妆剂是什么?

　　卸妆剂是把脸上的妆卸除的专用剂。它和肥皂、洗涤剂有什么不同吗? 卸妆剂有什么特别之处吗?

　　卸妆剂是用来卸除含油分多的化妆品的用品。大多数的化妆品为了防止脱妆,都是以不易被水冲掉的油性成分为基础混入颜料制造而成的。那些油性成分比皮脂污垢还要难以去除。如果只用肥皂清洗,很难彻底清洁干净。为此,人们在卸妆的时候大都使用配合了容易去油污成分的卸妆剂。

　　卸妆乳中主要发挥作用的中心成分是油。一般洗涤剂都是用油来溶解并去除油垢的。不过,如果用普通的油,那只会让油垢增多。卸妆剂中的油性成分具有容易被水冲掉的性质。那么究竟做了怎样的处理才让油变得容易被水冲走呢? 这就是卸妆剂最重要的技术。

　　卸妆剂分卸妆乳、卸妆油和卸妆膏等,不管哪一种都使用了能让油性成分和水相溶合的界面活性剂。卸妆乳把油粒混入水中。水和油原本是不能溶合在一起的,但是界面活性剂却能把两者溶合起来,油粒的周围附着上界面活性剂后,即使是在水里面油粒也不会上浮,依然很稳定。水中会出现许多油粒(油滴),它们保持着轻柔漂浮的状态。我们把这种状态称作水中油滴型的乳化状态。

　　使用卸妆乳的时候,和化妆品完全混合是很有必要的。因为一定要把水中的油粒和化妆品溶合在一起。乳液和化妆品混合充分,用水洗起来就简单多了。原本卸妆乳中含量最多的就是水。

卸妆剂

油

用油卸除油 ▲

油

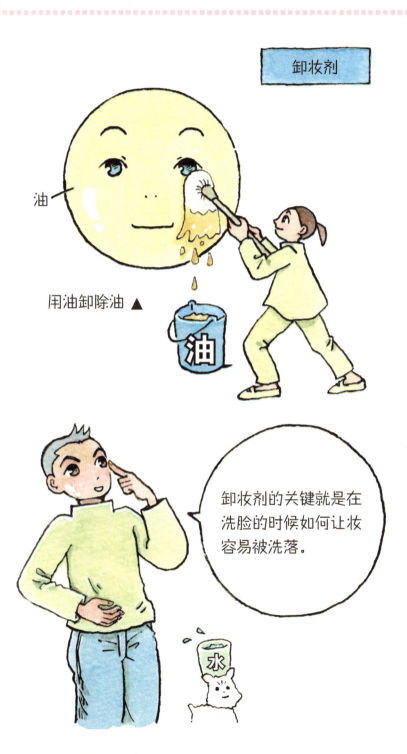

卸妆剂的关键就是在洗脸的时候如何让妆容易被洗落。

水

卸妆油在油性成分中加入了界面活性剂，却并没有加入水分。界面活性剂是为了在洗脸的时候让水能够和油性成分更易混合在一起。它是以油性成分为主体，所以更容易与化妆品溶合在一起，不过如果仅靠水洗是不能把妆卸干净的。应在用卸妆油卸完妆后还用普通的洗脸皂和泡沫洗面奶再洗一遍。

卸妆膏是向油性成分中混入了很小的水滴。卸妆乳的状态是油粒被水包围着，而在卸妆膏中水和油的立场却是相反的，要想让水和油混合在一起还得使用界面活性剂。因为卸妆膏以油为主体，所以比较容易与化妆品溶合，又因其含有水分，所以比卸妆油更容易被水冲掉。

有人会担心卸妆剂里含有的界面活性剂会给肌肤带来伤害，其实这种担心是多余的。卸妆剂里含有很多的油性成分，界面活性剂会和它们溶合，根本就没有机会去刺激皮肤。含有山茶花油等油性成分的肌肤用沐浴露很多都是温和型的。因为油性成分会削弱界面活性剂的力量，富含油性成分的卸妆油基本上把界面活性剂的力量全部削减掉了。

卸妆剂的种类

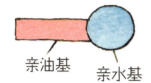

▼ 界面活性剂

亲油基　　亲水基

▼ 卸妆乳

▼ 卸妆油

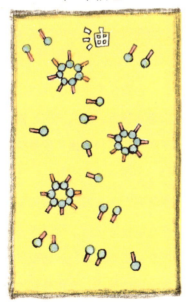

▼ 卸妆膏

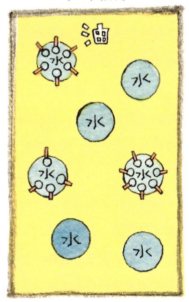

头发为什么会受损伤呢？

　　头发是非常纤细而易受损伤的，错误的护理方法会带来很大的麻烦，特别是洗头发的时候很容易令头发受损。这里将解释一下头发为什么会受损伤。

　　头发是由内部的软组织和覆盖在外部的硬组织构成的。覆盖在外部的那层硬组织是头发的表层，表皮细胞的构造就像是鱼的鳞片一样重叠在一起。

　　头发内部组织的主体是微小的蛋白质，也含有很多的锁水成分。那些保持水分的成分能吸收空气中的水蒸气。受损伤的头发"干巴巴"，健康的头发"顺滑如丝"，造成这种不同的就是头发中的含水量。具有锁水能力的头发就是健康顺滑的头发。由此可知，头发中的锁水成分左右着头发的健康。

　　头发的表层保护着内部的脆弱部分，起着头发盔甲的作用。来自于外部的太阳光线达到头发内部后会给它带来伤害，洗头发的时候内部的保湿成分也会流失。保护头发的表层不剥落是保持健康头发最关键的一点。

　　那么，什么情况下头发的表层会脱落呢？洗头发的时候头发的表层就很容易剥落。头发内部是非常容易与水溶合的性质，所以洗头时水会渗透进头发的内部。这样，含水的头发就会膨胀起来。与之相反，覆盖在头发的表层外层的头皮具有硬而难以伸缩的性质。含水膨胀的内部组织会压迫头发的表层。结果，吸收了水分的头发表层细胞立起，变得容

易被外物钩挂。这种状态下用梳子梳理，头发之间相互摩擦，头发的表层细胞就会掉落。

　　特别需要注意的就是被强烈的太阳光线照射和用药剂脱色的时候。直射的日光具有在脆弱的蛋白质上引发化学反应并让它变弱的功能，使用药剂给头发脱色的原理就是使用漂白剂分解头发的色素。分解色素的化学反应会给脆弱的蛋白质带来极大的伤害。如果经常被日光直射或进行头发脱色处理就会让头皮组织变弱，即使用很小的外力也会导致头发脱落。

　　还有，冷烫和吹风机的加热会给头发造成伤害。冷烫是一种将头发内部蛋白质的化学构造切断，然后再连接起来的反应，利用这种反应让头发变形。一般的冷烫并不会给头发带来很大的伤害，不过还是要尽量避免反复的烫发操作。蛋白质怕热，用吹风机始终对着一个地方吹头发就会变性。把生鸡蛋放在热水里加热后会变成煮蛋，这种变化就是蛋白质的变性。头发也会因过度加热而失去柔软性，变得脆弱无比。

　　头发会因各种各样的原因发生表层细胞受损伤，在清洗受损伤头发的时候一定注意不要让头发的表层细胞脱落。

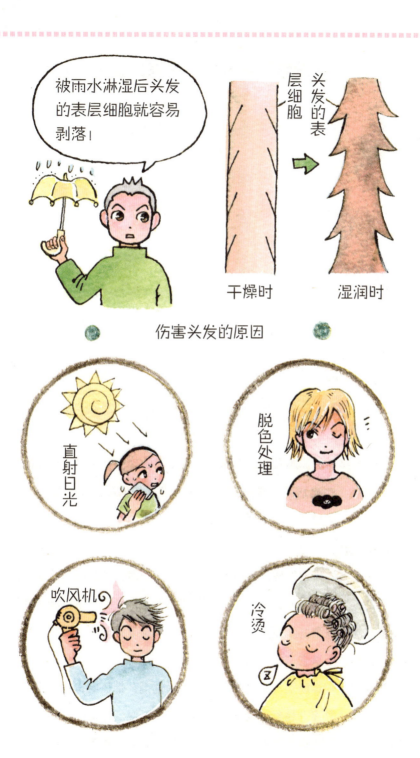

被雨水淋湿后头发的表层细胞就容易剥落!

头发的表层细胞

干燥时　湿润时

伤害头发的原因

直射日光

脱色处理

吹风机

冷烫

护发素和护发精华素有什么作用呢？

一般情况下，洗发香波会和护发素和护发精华素放在一起出售。那么，护发素和护发精华素各有什么作用呢？

洗发香波是以界面活性剂为主要成分的，所以能够去除附着在头发表面的污垢。但是只用洗发香波，头发会处于一种没有保护膜的裸露状态。原本头皮分泌出的脂肪成分覆盖在头发的表面，起着一种保护膜的作用，不经常洗头发也没有关系。不过，从人体排出的天然保护膜成分有一股独特的臭味，皮肤较敏感和健康状态不好的人难以调节这种保护膜的成分和量，很容易患上皮肤病。还有，如果不洗头，就会产生很多老化剥落的头皮组织，也就是我们常见的头皮屑。

人体排出的油脂具有的臭味以及头皮屑的产生都是可以避免的。而且，市场上也出现了为皮肤较敏感的人准备的保护皮肤健康的卫生用品。现在，护理头发的模式是频繁地用洗发香波去污，然后再给头发补充保护成分。

护发素的作用是使洗完后的头发如丝般顺滑。洗发后，头发表面没有了油分，头发之间的相互摩擦就很容易使头发受损，所以就要使用护发素了。护发素的主要成分是界面活性剂。洗发香波的主要成分也是界面活性剂，但是它与护发素含有的界面活性剂带电性质相反。洗发香波中使用的主要界面活性剂是阴离子界面活性剂，带负电，护发素中使用的是阳离子界面活性剂，带正电。头发被水弄湿后带负电，带正电的阳离子界面活性剂会吸附在头发表面。吸附上阳离子界面活性剂后，具有

油性的亲油基会排列起来覆盖在头发表面。头发表面的状态就像是被覆盖了一层油膜一样，非常顺滑。涂抹普通的油后，头发也会变顺滑，但是摸起来有些发黏。经过护发素处理过的头发表面通过电力吸附了界面活性剂，所以不会有发黏的感觉。

护发精华素是向头发补充与头发内部所含保湿成分作用相同的保湿剂。用于保湿剂中的物质具有容易吸引水的化学性质，它渗透进头发内部后，会吸收空气中的水蒸气滋润头发。一般市场上出售的护发素和护发精华素大都具有以上两方面的功效。护发素具有给头发补充保湿成分的作用，护发精华素可以在头发表面形成一层膜，让头发更顺滑。

把洗发香波和护发素混为一体的洗护二合一香波，因为携带方便又可以缩短洗发时间，所以在去旅行的人和有孩子的家庭主妇中间非常受欢迎。它的配方里面含有一种洗发后能够覆盖在头发表面的油分，所以即使自己把一般的洗发香波和护发素混在一起，也不能当做护发素功效的洗发液使用。

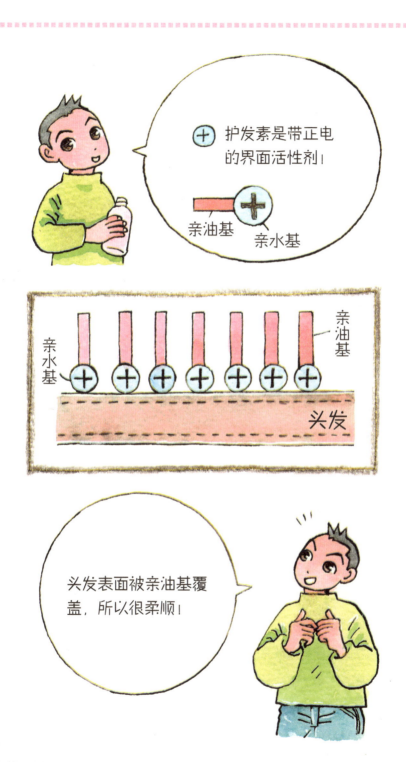

轻柔不伤发的洗发方法是什么?

要想保持头发的健康，最重要的就是掌握正确的洗发方法。下面，就介绍一些不伤发的洗发方法，以及这些方法不伤发的原因。

洗头发时最应该注意的就是不要让覆盖在头发周围的鱼鳞状组织剥落。头发被水弄湿后，毛鳞片会立即变得容易拉伸。所以洗发时要注意以下几点：①揉搓出充足的泡沫。②洗发时尽量不要拉拽头皮。③使用不易让毛鳞片竖起的洗发香波。④给受损的头发补充湿润成分（护发精华素等）。

首先就是要把洗发香波揉搓出泡沫，有了大量平滑的泡沫，就能缓和头发与头发、头发和手指之间的摩擦，减少对头皮的拉扯。但使用过多的洗发香波不仅是一种浪费，还要花费较多的时间去冲洗。使用洗发香波的时候，尽量需要避免那种没有泡沫的恶劣状态。

接下来比较重要的就是不要拉扯头皮。洗发时，手指的动作是穿过头发从发根向发梢滑动，不要用手掌夹住头发相互摩擦。头发之间产生摩擦，毛鳞片就容易掉落。梳理头发的时候也不要给头皮加施强力。

还需要注意的就是洗发香波的种类。大多数的洗发香波是中性～弱酸性的。这样有助于减少毛鳞片竖起。头发的蛋白质不论是偏向碱性还是酸性，内部都会被离子化，而变得容易吸收水分。吸收水分后，头发会膨胀，毛鳞片就会竖起。头发中的蛋白质最难被离子化的状态就是弱酸条件，那时候毛鳞片竖起的幅度最小。在比弱酸偏碱或是偏酸的条件下，毛鳞片竖起的情况会更严重。

▼ 搓出丰富的泡沫

▼ 温柔地按摩头皮

▼ 使用中性和弱酸
性的洗发香波

▼ 用护发精华素护
理受损伤的头发

干巴巴

不伤发的洗发方
法中有4个注意
事项！！

163

使用中性洗发香波的时候，毛鳞片竖起的情况较少，不过一旦变为弱碱性毛鳞片就会大量地竖起。因为肥皂香波属于弱碱性，所以与弱酸性、中性的洗发香波比起来，使用肥皂香波更容易使毛鳞片竖起。为了保护头皮，最好选用弱酸性或是中性的洗发香波。用肥皂香波洗头发的时候，一定要注意别给头发施加摩擦力。

一旦头发受损，内部的保湿成分就会流失，大量毛鳞片随之脱落，所以，在给头发内部补充保湿成分的同时，还要用油将头发表面覆盖保护起来。受损发质、干燥发质用的护发精华素就具有补充这些保湿成分的作用。长出的头发是很难从体内补充进营养成分的。即使摄取了营养丰富的食品，受损的头发也很难恢复原状，所以有必要从外部给头发补充湿润剂。

如果人的营养状态不好，新生头发的发质也不会好。关注自己的健康对头发也是很重要的。洗发时，用指腹给头皮做按摩，用完洗发香波后仔细冲洗，这样可以保持头皮的清洁。

洗发香波会不会导致头发脱落呢？

你听说过"洗发香波会让头发脱落"这句话吗？这个话题一直都备受关注，那么实际情况是怎样的呢？

造成脱发的原因根本上是体质、精神及身体上的压力，对头皮的外部刺激也会导致脱发。脱发如果与洗发香波有关的话，那么就是它从外部带给头皮的刺激。为了去污，洗发香波中会加入界面活性剂，界面活性剂多少都会刺激肌肤。所以，不能说脱发与洗发香波完全没有关系，但是它的影响却是非常小的。

造成脱发的原因中自身体质和外界压力占了绝大部分。试着看一下为生发提供的对策，有很多都是值得参考的。生发的对策分为医生开的生发门诊和所谓的"民间疗法"。在生发诊所里，医生有权开出已获得认可的生发剂，但民间疗法中却是不可以的。在民间疗法中出售的都是洗发香波和健康食品等，但是这些东西的功效和安全也没有得到公认。此外，不论是生发门诊处方还是民间疗法都会要求患者注意饮食生活和洗发方法。

生发剂分医药用品和非医药用品。医药用品的治疗和预防疾病的功效已经得到了认可，但是，医药用品与非医药用品相比，效果的期待值要小得多。

有助于生发的洗发方法其实是非常普通，不过要遵守一些注意事项——洗发频率适度、不要洗得过度、不要伤害头皮、把洗发香波成分冲洗干净。头皮的状态会因人而异，有的人适合每天都洗头，有的人则

167

适合2天洗一次头。洗头发时，残留在头皮上的脂肪污垢如果去除不干净，对头发也是不好的。不过如果过多地去除了油分，头发又会变毛燥。虽说对头皮的按摩有助于血液循环，但过度的按摩会给头皮带来伤害。使用硬梳子洗头、按摩头皮，也会给头皮带来很大的负担，洗头时绝对不要用指甲抓头皮。

洗发香波最好选择刺激性小的，对于皮肤敏感的人来说，有的香波适合自己，有的不适合，所以一定要掌握哪些成分不适合自己。了解了自己应该避开的物质后，在那些不含这些物质的洗发香波中选择刺激性最小的使用，这才是明智的做法。

如上所述，错误的洗发方法会伤害头皮，从而有可能导致脱发，其实普通的洗发香波只要使用方法正确，是不会导致脱发的。一般情况下，因使用洗发香波导致的头皮干燥通过仔细冲洗头发和头皮就可以解决。

169

用肥皂香波洗发时的注意事项有哪些?

用肥皂来清洗身体是没有什么问题的，但是如果用它来洗头发，其中的碱性成分会给头发带来伤害。对于那些爱用肥皂的人来说，他们洗头发的时候也可能喜欢用肥皂。所以，这里就为大家介绍正确有效地使用肥皂香波的方法。

肥皂在使用的时候会变成弱碱性。这样，被肥皂液弄湿的头发蛋白质就会具有带负电的性质，而离子性的蛋白质容易吸收水分，头发内部吸收水分膨胀后，覆盖在外部的毛鳞片就会鼓起，变得易脱落。一旦在毛鳞片鼓起的状态下施加外力，毛鳞片发相互摩擦，毛鳞片就会脱落，从而给头发带来巨大伤害。

那么，在用洗发香波洗头时需要注意些什么问题呢？第一，洗发时不要给头发施加过多力量。第二，使用偏酸性的洗发香波可以中和头发上的碱性物质。

用肥皂洗头时，不可避免的一个问题就是毛鳞片会鼓起。所以洗发时一定要温柔地对待头发，避免外部力量引起的毛鳞片脱落。首先要做到的就是把肥皂香波搓出泡沫。有的肥皂香波从瓶子里喷出的时候就是呈泡沫状的，这要比涂在头发上然后自己揉搓出泡沫来省力多了。

用肥皂香波洗头发的时候尽量应该避免用硬梳子梳头发，并注意不要让头发之间相互摩擦。正确的清洗动作是把头发夹在手指间，从发根向发梢轻轻地滑动。

洗发后的冲洗环节也不能大意。虽然香波的泡沫经水一冲会迅速消

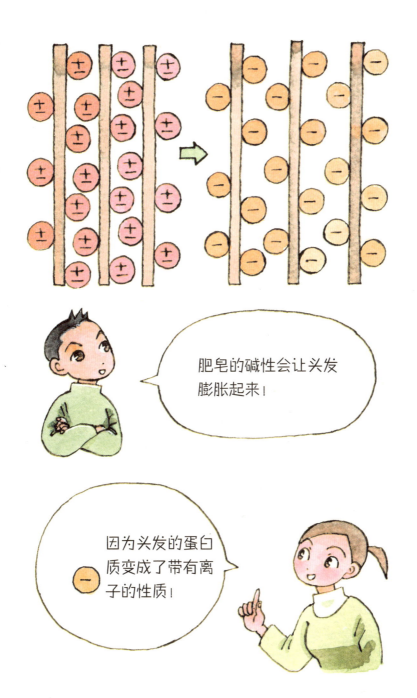

171

失，但依然还是有很多肥皂成分残留在头发上。洗发工作结束后，能否把残留在头发上的香波成分去除干净也非常关键。只不过，冲洗阶段的毛鳞片依然处于鼓起的状态，要尽量避开让头发产生摩擦的冲洗方法。洗的动作仍然是用手指夹住头发从发根向发梢滑动。

冲洗结束后再使用护发素。肥皂香波用的护发素属于弱酸性。稀释后的食醋、用水溶解的柠檬酸等也可以用来代替护发素。因为头发中残留有肥皂的碱性成分可以与这些酸性护发素中和，头发中蛋白质带负电的离子性消失，头发的膨胀得到缓解。

残留在头发中的肥皂成分在冲洗过程中大多都与自来水中的钙离子和镁离子结合，变成了不溶于水的金属肥皂成分。这些残留的金属肥皂成分触感不好，经酸性护发素处理后，会变成脂肪酸。因脂肪酸属于油性成分，所以覆盖在头发表面后会赋予头发柔软性。虽然食醋和柠檬酸自身不具备护发素的效果，它们却可以通过将肥皂的残留成分变成油性物质而发挥出护发素的功效。

经常使用肥皂香波的人会发现头发摸起来变粗了，那是因为头发内部蓄积了脂肪酸的缘故。使用肥皂之外的洗发香波后，头发将很难起泡，这也是头发蓄积了脂肪酸的原因。

◀ 搓出丰富的泡沫涂抹在头发上

海绵

▲ 尽量不要使用梳子

◀ 用醋代替护发素

肥皂香波的使用是有窍门的！

173

洗涤剂会不会在体内蓄积呢?

有害化学物质的性质中有一种叫做"蓄积毒性"。有毒化学物质一次性地进入体内一般不会有什么问题,但如果连续每天都摄入,并蓄积在体内,就会给人体带来很大的危害。那么,洗涤剂的成分在蓄积毒性这方面有没有什么问题呢?

蓄积在体内给人体健康带来伤害的代表性化学物质就是PCB(苯多氯联)和二恶英。PCB是在1968年的"米糠油症"事件中引起世人关注的。那时,一种被称作米糠米油的食用油在掺入PCB后被出售,很多食用了这种油的人都出现了不适。东欧北部的波罗的海曾发生过很多海豹大量死亡的事件,据说就是PCB这种化学物质引起的。现在,PCB作为一种代表性的有害化学物质,其使用也受到严格的管制。

一次摄取PCB毒性并不高。不过,它具有一旦进入就排不出来,会残留蓄积在体内的性质。二恶英也同样具有能蓄积在体内的性质。像这些具有蓄积在体内性质的化学物质对我们来说是最危险的了。

那么,洗涤剂中的成分,特别是界面活性剂又是什么样的情况呢?实际上,界面活性剂并没有什么蓄积在体内的性质。蓄积在体内的化学物质要同时具有两种性质:①强油性。②非常稳定,不易分解。如果成分是油性,在进入体内的时候,就会溶入脂肪成分中。如果是能溶于水的成分,就会与尿液和汗等废物一起排出体外,油性物质因难以排除体外,最终会蓄积在体内。并且,难以分解的物质,其毒性到何时也不会消除。

特别值得我们关注的是，这些油性难以分解的化学物质一旦被排入到环境中就会进入食物链的循环，逐渐地蓄积在生物体内。被排放到环境中的PCB会附着在植物浮游生物上，这样，红虫等动物浮游生物就会把那些植物浮游生物吃掉。进入动物浮游生物体内的PCB溶入植物浮游生物的脂肪成分中，不能被排出体外。接下来，小鱼吃了植物浮游生物，蓄积在动物浮游生物体内的PCB就溶入小鱼的脂肪中。然后是，PCB蓄积在食用了小鱼的大型鱼类的脂肪里，吃了大鱼的海豹体内就会蓄积浓度更高的PCB。

一般洗涤剂中的界面活性剂不会像PCB和二恶英那样蓄积在人体内。洗涤剂中的界面活性剂是在溶于水后被使用的，具有溶于水性质的物质不会蓄积在体内的脂肪成分中。PCB和二恶英基本上不能溶于水，像那些不溶于水的油性物质都会蓄积在体内。

洗涤剂内的界面活性剂可以在体内被分解。大多数的界面活性剂在分解作用的影响下，变成了易溶于水的形态，并随着排泄物一起被排出了体外。有时，非离子界面活性剂还会被消化、吸收变成营养。一般情况下，使用的界面活性剂与那些蓄积在体内的有害化学物质完全不同。所以，我们不必担心它会蓄积在体内。

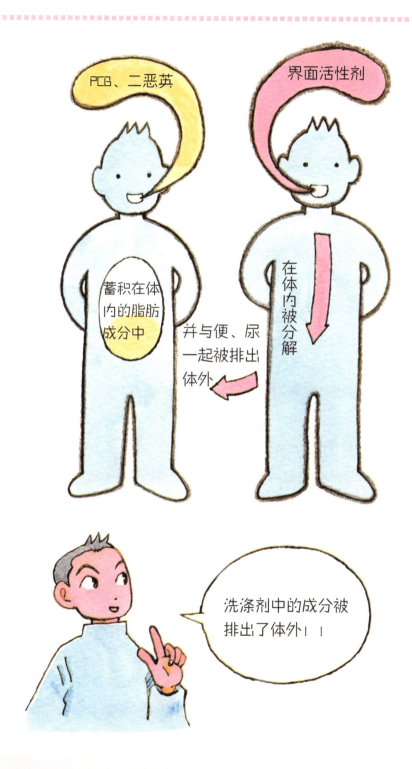

洗涤剂对鱼类有害吗?

　　作为洗涤剂主要成分的界面活性剂，被认为是污染河流和湖泊的代表性化学物质。理由就是对于居住在河流和湖泊中的鱼类和动物浮游生物来说，界面活性剂是一种危险的物质。下面将说明为什么界面活性剂对鱼类和动物浮游生物是有害的。

　　以人类为主的生活在陆地上的动物都是靠吸收空气中的氧气呼吸的，而生活在水中的鱼类和红虫等动物浮游生物却是靠吸收溶解在水中的氧气来呼吸的。鱼类和动物浮游生物等利用腮吸入氧气。水中的大部分动物都是靠腮呼吸维持生命的。

　　界面活性剂会给那些利用腮呼吸维持生命的生物以巨大的伤害。溶解在水中的界面活性剂与水接触后会吸附在固体上。鱼鳃在吸收氧气的同时也要频繁地吸进水，溶解在水中的界面活性剂与鱼鳃接触后就会吸附在鱼鳃上。界面活性剂具有改变水与其他物质接触面性质的功能，所以，吸附有界面活性剂的腮也会发生改变呼吸难以进行。这样，陷入呼吸困难的鱼类会因此受到很大的伤害。

　　以上的这些理由都说明，界面活性剂对鱼类是有害的。实际上，即使界面活性剂的浓度相当低，也会伤害到鱼类。

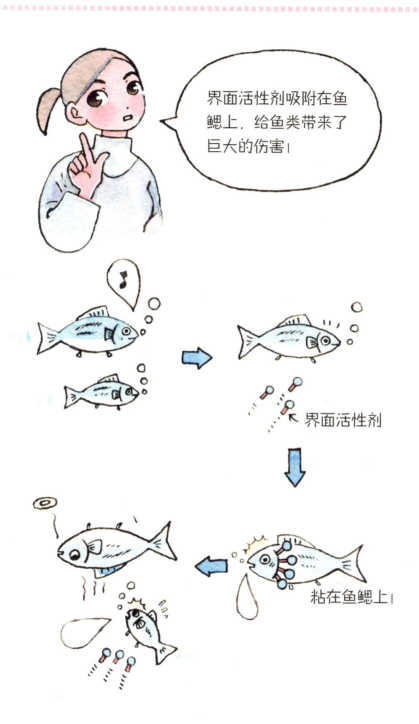

179

含磷洗涤剂不好吗？

作为污染水源的物质，磷是经常被提起的。1980年之前，在日本制造、出售的合成洗涤剂中都含有很多的磷。不过，现在的洗涤剂基本上都不含磷了。那么，之前为什么要在洗涤剂中加入磷呢？为什么说磷对水环境有害呢？

我们把水中含有钙离子和镁离子的比例叫做水的硬度。在用硬度高的水洗涤时，水中的钙离子和镁离子会阻碍界面活性剂发挥作用，让污垢更容易附着在物体上。为此，需要在洗涤剂中加入捕捉镁离子和钙离子的制剂。在这类的制剂里功效最高的是一种叫做缩合磷酸盐的含磷化合物。1980年前日本的合成洗涤剂中，这种缩合磷酸盐的加入比例非常高。即使到了现在，欧美国家使用的洗涤剂中依然还有很多都含有缩合磷酸盐，为此，那里的推进环境教育的组织也正在积极提倡"为了我们的生存的环境，请选择不含磷的洗涤剂"。

那么，为什么说磷会让环境恶化呢？磷是植物浮游生物重要的营养素。有了磷、氮、二氧化碳后，植物浮游生物就会大量繁殖。一般的河流湖泊等陆地水中氮和二氧化碳都非常丰富，所以，磷的多少就直接决定了植物浮游生物是否繁盛。抑制了河流湖泊中的含磷量，就能控制住植物浮游生物的生长。

植物浮游生物增多，水的颜色就会变绿。带有毒素的浮游植物生长出来后会让鱼虾绝迹，它们枯死后还会变成大量的有机污染源污染水源。水中有机物增多，细菌随之繁殖。细菌以有机物为营养源，它在分

磷是植物浮游生物的重要营养源。磷增多了水就会变成绿色！

ⓟ 磷　　🌿 水草　　◇ 植物浮游生物

磷增多了，水变成了绿色

漂浮在水面上的绿藻

解有机物时要消耗氧，过多的细菌要消耗大量的氧，缺氧的鱼类和动物浮游生物不得不相继灭之。保护水环境最重要的一点就是不要让水中的氧减少。植物浮游生物在增加的同时，也意味着氧的减少。

综合以上因素，从保护水环境的立场出发，磷被列为了被限制使用的物质。1970年，在日本滋贺县的琵琶湖、茨成县的霞开浦等大型湖泊里出现了大量的浮游植物，引起了严重的水污染。自从那次事件之后，政府开始对琵琶湖和霞开浦等周边的污水处理设备进行整顿，并且为了抑制从家庭中排出磷的量，敦促人们不要使用含磷的合成洗涤剂。

为了获得浓缩磷酸盐的功效，人们正在积极开发新的化学物质，并为提高洗涤剂的洗净力进行着各种改良。现在，在日本，提起洗涤剂，人们一般指的就是不含浓缩磷酸盐的无磷型洗涤剂，日本的无磷化技术要远远领先于欧美，而中国也正开始打开无磷型洗涤剂的市场。

在污水处理厂，有必要设置除磷的高端设备，因为即使在日本，能有效除磷的污水处理厂也仅有少数几个而已。要想尽量减少从家庭污水中排出的磷量，就要做到少使用含磷的洗涤剂。

合成洗涤剂中加入磷是为了抑制镁离子和钙离子发挥作用。

磷可以捕捉水中的镁离子和钙离子。

就用这个

NO!

洗涤剂

不含磷

含磷

洗涤剂会不会防碍污水的处理呢？

　　洗涤剂中的界面活性剂对鱼类和动物浮游生物等水生生物来说是一种危险的物质。污水处理厂工作的原理是利用细菌分解污垢。那么，排到水中的界面活性剂会不会阻止细菌分解污垢呢？

　　污水处理厂和净化槽处理污水时的主要手段就是让细菌吞食分解污垢。界面活性剂对水中的生物具有较高的毒性，所以人们猜测它也可能会给细菌带来伤害。而实际情况是，界面活性剂的浓度还没有达到给细菌带来恶劣影响的程度。

　　比如说，经常用于洗涤用合成洗涤剂中的界面活性剂SDS（十二烷基苯硫酸钠）它的浓度达到30ppm以上时，才会使细菌分解有机物的功效稍微降低一点；浓度达到100ppm时，会把分解能力降至非常低。实际上，流入污水处理厂水中的SDS的浓度大概是在20ppm以下，要比30ppm低。所以说，SDS不会防碍到污水的处理工作。

　　在污水处理厂中，污水还共存有许多其他的污垢。大部分的界面活性剂将附着在这些污垢上，能留下来攻击细菌的已经非常少了。所以说，污水处理厂中和净化槽里的界面活性剂杀灭细菌的可能性还是很小的。

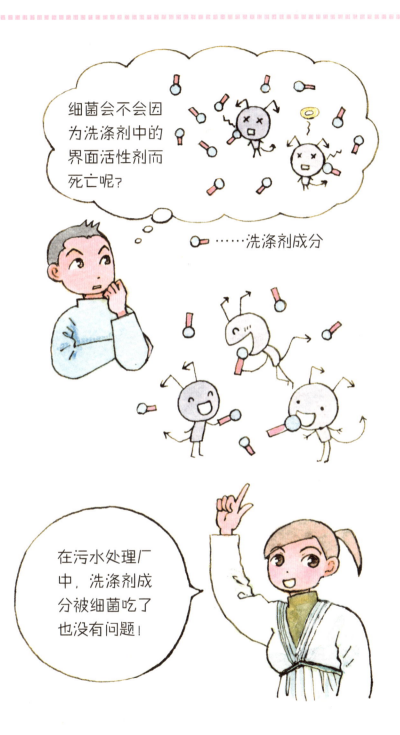

与合成洗涤剂相比，肥皂更环保吗？

　　合成洗涤剂指的是肥皂之外的所有洗涤剂，单纯地将它与肥皂进行比较是比较困难的。不过，如果只限于洗涤用洗涤剂，合成洗涤剂中的加入成分也会有所限制，与肥皂进行比较的可能性还是有的。

　　肥皂对于鱼类的伤害度比合成洗涤剂更小，更容易被微生物分解。与洗涤用合成洗涤剂中含有的界面活性剂比起来，肥皂对肌肤的刺激更小。即使被人误食，肥皂的毒性也比合成洗涤剂要低。从古时候起，人们就开始使用肥皂了，肥皂是一种十分安全的洗涤用品。

　　与合成洗涤剂相比，肥皂的缺点就是不大量使用便起不到清洁的效果。一次洗涤所用肥皂的量是合成洗涤剂中界面活性剂的4倍多，还有就是，作为有机污染物的环境负担，即消耗水环境中的氧是合成洗涤剂的4倍多。在制造过程中，肥皂要消耗更多的能源。肥皂与自来水混合后还会变成金属肥皂，而金属肥皂是让衣服发黄的原因物质。

　　这样看来，与洗涤用洗涤剂相比，肥皂在分解性和安全性方面占优势，合成洗涤剂在省能源、省资源方面占优势。它们彼此之间互有优劣。

▼ 合成洗涤剂的缺点

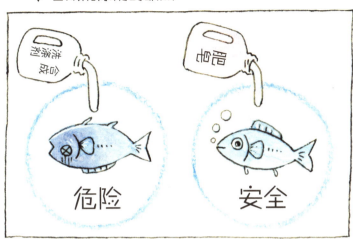

▼ 肥皂的缺点

合成洗涤剂和肥皂各自有长处也有短处，不能单纯地说某一个是好的。

与合成洗涤剂相比，肥皂更环保吗？

环保型的肥皂和非环保型肥皂有哪些不同呢？

　　合成洗涤剂和肥皂，我们不能一概地断定它们哪一方是好的。但是，如果是肥皂，我们却可以把它们分成对环境污染小的和对环境污染大的。

　　所谓的对环境有利的肥皂，就是在对环境不利的肥皂性质进行了分析之后，克服了相关缺点制造而成的。肥皂对环境的不利之处就是要消耗大量的油脂。肥皂中的肥皂纯度不仅与油脂的消耗量有关，还与对水环境的有机污染负荷和能源消耗成本直接相关。可以说，在抑制肥皂纯度的消耗量上下了工夫的肥皂就是对环境污染小的肥皂，纯分的消耗量多的肥皂就是对环境危害较大的肥皂。

　　举例来说，市场上出售的洗涤用肥皂大多都是每30L水中放入30～40g的肥皂。肥皂的使用量不一定要和纯分的使用量联系在一起。合起来计算一下使用量和肥皂纯分的比例就会了解消耗量了。肥皂纯分使用量少的情况下，30L的水溶解40g的肥皂，其中肥皂纯分占60%。也就是说，30L的水消耗了24g的肥皂纯分。肥皂纯分高达99%时，30L的水溶解35g肥皂。那么，30L的水就消耗了34.7g的肥皂纯分。后面肥皂纯分的消耗量是前面24g的1.4倍。

　　喜欢使用肥皂的人，请试着计算一下肥皂纯分的使用量吧，就会分辨出各种肥皂对环境的影响。

计算一下纯分就会发现哪些肥皂对环境有益。

标准使用量
40g（每30L）
肥皂纯分60%

肥皂纯分为
24g

碳酸盐等

肥皂纯分

标准使用量
35g（每30L）
肥皂纯分98%

肥皂纯分为
34g

肥皂纯分

节约肥皂纯分等于爱护环境！

手工制造的肥皂环保吗？

　　现在有的消费者组织和学校正在组织人们利用废油制造肥皂，这些手工制造的肥皂真的更环保吗？

　　对于这些手工制造的肥皂，我们可以从两方面进行评价，一个是作为环境教育的精神层面的意义，另一个就是对环境的影响。首先是教育方面，利用废油来制造肥皂这种行为是一种非常宝贵的废品循环利用的经验。制造出来的肥皂不管质量优劣，只要能让废弃了的油重新发挥作用，就已经很有意义了。

　　从对环境的实际影响来看，手工制造的肥皂质量要比一般的肥皂差。手工肥皂都是通过冷加工制造出来的，在制造过程中会把碱去除，里面的碱分要少。这样就会残留下许多未反应的油脂，未反应的油脂会降低肥皂的功效，必须要使用大量的肥皂才能发挥出清洁效果。并且，残留的油脂成分还会增加环境的负担。

　　既然手工制造的肥皂会给环境带来负担，将手工制造肥皂作为一门功课引进消费者活动和学校中去，让它在教育方面发挥作用就可以了。如果不用废油，而是用食用油来制作肥皂，就没有任何意义了。此外，不要用手工制造的肥皂来清洁身体。

♪ 手工制造肥皂的意义是什么?

宝贵的循环利用的体验!

手工制造的肥皂

流入河流中后给环境造成的负担要比一般的肥皂大!

不能用来清洗身体!

手工制造的肥皂环保吗?

TITLE：[Chikyu ni Yasashii Sekken-Senzai Monoshiri Jiten]

BY：[Masaru Oya]

Copyright © 2008 by Masaru Oya

Original Japanese language edition published by Softbank Creative Corp.

All rights reserved. No part of this book may be reproduced in any form without the written permission of the publisher.

Chinese translation rights in simplified characters arranged with Softbank Creative Corp.

Tokyo through Nippon Shuppan Hanbai Inc.

图书在版编目（CIP）数据

小洗剂，大生活／（日）大矢胜著；晴天译.—沈阳：辽宁科学技术出版社，2009.7

ISBN 978-7-5381-5979-0

Ⅰ.小… Ⅱ.①大…②晴… Ⅲ.家庭生活－洗涤－基本知识 Ⅳ.TS973.1

中国版本图书馆CIP数据核字（2009）第102465号

策划制作：北京书锦缘咨询有限公司(www.booklink.com.cn)
总 策 划：陈 庆
策 划：李 杨
装帧设计：李新泉

出版发行：辽宁科学技术出版社
　　　　　（地址：沈阳市和平区十一纬路 29 号　邮编：110003）
印 刷 者：北京地大彩印厂
经 销 者：各地新华书店
幅面尺寸：160mm×230mm
印　　张：12
字　　数：105千字
出版时间：2009年7月第1版
印刷时间：2009年7月第1次印刷
责任编辑：谨 严
责任校对：李 静

书　　号：ISBN 978-7-5381-5979-0
定　　价：29.80元

联系电话：024-23284376
邮购热线：024-23284502
E-mail：lnkjc@126.com
http：//www.lnkj.com.cn
本书网址：www.lnkj.cn/uri.sh/5979